土力学实验

主　编　邓初首　杨新磊　卢力强
副主编　周　艳　周　文
　　　　崔树琴　徐新宇
参　编　司海宝　何立明　向广建
　　　　田雨欣　张　彦

武汉理工大学出版社
·武　汉·

内容提要

本书共分为3章，包括土力学实验基本知识、土力学基本实验和土力学拓展实验三大部分。第1章内容涉及土工试样的采集、制备与饱和、实验资料整理（实验数据的处理与实验成果的整理）、实验教学任务与要求等基本知识；第2章重点介绍了基本物理性质指标测定（包括含水率实验、密度实验和比重实验）、颗粒分析实验、界限含水率实验、相对密度实验、击实实验、承载比实验、渗透实验、固结实验、无侧限抗压强度实验、直接剪切实验等；第3章介绍了三轴压缩实验、排水反复直接剪切实验、冻土融化压缩实验、土工合成材料实验等。

本书可作为高等院校及高职高专院校土木工程、水利水电工程、交通工程、地质工程、地下空间工程、道路桥梁与渡河工程、工程管理等专业的土力学实验教材，也可供从事岩土工程的技术人员学习参考。

图书在版编目（CIP）数据

土力学实验 / 邓初首，杨新磊，卢力强主编. 武汉 ：武汉理工大学出版社，2024. 9.
ISBN 978-7-5629-7132-0
Ⅰ. TU4-33
中国国家版本馆 CIP 数据核字第 2024H7M981 号

项目负责人：高　英　　**责任编辑：**王品品　高　英
责 任 校 对：张　晨　　**排版设计：**正风图文
出 版 发 行：武汉理工大学出版社
社　　　址：武汉市洪山区珞狮路 122 号　　**邮　　编：**430070
网　　　址：http://www.wutp.com.cn
印　刷　者：荆州市精彩印刷有限公司
经　销　者：各地新华书店
开　　　本：787×1092　1/16　　**印张：**9.625　　**字　　数：**243 千字
版　　　次：2024 年 9 月第 1 版
印　　　次：2024 年 9 月第 1 次印刷
定　　　价：28.00 元

凡购本书，如有缺页、倒页、脱页等印装质量问题，请向出版社发行部调换。
本社购书热线电话：027-87391631　027-87523148　027-87165708（传真）

前　言

土力学实验是土木类、水利类、交通运输类及管理科学与工程类相关专业土力学课程中极为重要的实践性教学环节。本书是以高等学校土木工程专业指导委员会编写的《土力学教学大纲》为指导，按照工程教育专业认证对土力学实验的要求编写的。本书重点介绍了土的基本物理性质指标测定(包括含水率实验、密度实验和比重实验)、颗粒分析实验、界限含水率实验、相对密度实验、击实实验、承载比实验、渗透实验、固结实验、无侧限抗压强度实验、直接剪切实验、三轴压缩实验等。

通过土力学实验教学，使学生巩固和加深对所学理论知识的理解；掌握土工实验基本方法；熟悉相关实验设备；训练实验操作技能；获得正确处理实验数据、科学分析实验结果和规范编写实验报告的能力。为今后参与岩土工程设计、施工、检测、监理和科研等相关工作打下良好的基础。

本书所有内容均依据现行国家标准编写。

本书由安徽工业大学邓初首、天津城建大学杨新磊和卢力强担任主编，马鞍山学院周艳，铜陵学院周文、崔树琴和徐新宇担任副主编，安徽工业大学司海宝、何立明和向广建，天津城建大学田雨欣和张彦等参加编写。

全书的编写分工具体如下：邓初首负责编写第1章及全书统稿工作，杨新磊负责编写2.2节和2.4节，卢力强负责编写3.1节，周艳负责编写2.1节和2.8节，周文负责编写2.3节和3.3节，崔树琴负责编写2.10节和3.2节，徐新宇负责编写2.5节，司海宝负责编写3.4.1节，何立明负责编写3.4.2节、向广建负责编写3.4.3节和3.4.4节，田雨欣负责编写2.6节和2.7节，张彦负责编写2.9节。

本书的编写与出版得到了武汉理工大学出版社和安徽工业大学陈德鹏教授的大力支持与帮助，在此致以衷心的感谢。同时，感谢武汉理工大学出版社高英编辑对本书的修改完善和出版所付出的辛勤工作。在编写过程中，编者参考了书末参考文献中所列的资料，在此一并表示衷心的感谢！

本书参考文献部分的二维码中罗列了一些相关实验教学视频的网址，读者可自行学习。由于编者水平有限，书中难免有不当之处，敬请广大师生和读者批评指正。

编　者

2024年5月

目　　录

1 土力学实验基本知识

土力学是研究土体的一门学科，土力学实验是认识土体性质最主要、最有效的手段。土力学实验在土力学学科的发展历程中起着重要作用，在岩土工程实践中，它被认为是人们认识土的性质、完善土力学理论和计算模型、进行可靠的工程和数值模拟计算的主要途径。土力学中的重要定律，如库仑(C.A.Coulomb)定律、达西(H.Darcy)定律、普洛特(Proctor)压实理论，以及描述土的应力-应变关系的双曲线模型等，无一不是在土工实验的基础上建立起来的。因此，从某种意义上讲，土力学也可以说是土的实验力学。

土力学实验是对土的工程性质进行测试，是工程勘察取样后进行室内实验评价的最基本方法，也是作为岩土工程勘察的重要手段之一。通过土力学实验可获取土的物理性质指标与力学性质指标，为土力学理论研究、土木工程设计和施工提供可靠的参数，同时为正确评价建筑场地的工程地质条件提供重要依据。

土力学实验在工程型人才的教育和培养中具有重要地位。只有规范土工实验方法，提高实验者的操作技能水平和熟练程度，才能得到可靠的实验数据，进而获得准确的实验结果。因此，对工程类相关专业的学生开展系统的土力学实验教学是土力学课程学习中极为重要的一个实践教学环节。

本章主要介绍土力学实验基本知识。通过学习，学生应掌握土工试样采集、土工试样制备、土工试样饱和、土工试样管理等基本技能和方法；应掌握处理实验数据的正确方法，并具备科学分析实验数据、规范整理实验结果的能力。

1.1 土工试样的采集

土样的采集是土工实验工作的第一步，为保证实验结果的可靠性，采集的土样应具有代表性。由于自然和人为因素(如地形的起伏及沉积环境的不同)，土质会呈现不均匀性；或是在拟建场地不同的地点和深度范围内存在不同类型的土体。因此，为了所取试样具有代表性，应根据工程建设的需要，在不同的部位及土层深度勘探和取样。

如要测定天然土基性质，则需要采集原状土样。原状土样(又称不扰动土样)是指保持原有的天然结构和物理状态(含水率、密度等)的土样。凡是土方回填工程(如土坝、土堤、土围堰等)，可取扰动土样。扰动土样是指天然结构或物理状态发生了变化的土样。

1.1.1 原状土样的采集

按照行业标准《建筑工程地质勘探与取样技术规程》(JGJ/T 87—2012)的规定，可以在钻孔内利用取土器进行采样(钻孔取样)，或在探井、探槽和探洞中取样。

1.1.1.1 钻孔取样

(1) 钻孔成孔口径。钻孔成孔口径应符合表 1-1 的规定。

表 1-1　采集原状土试样的钻孔成孔口径

土的类别	钻孔成孔口径/mm	
	第四纪土层	基岩
一般黏性土、粉土　残积土、全风化岩层	≥91	≥75
湿陷性黄土	≥150	
冻土	≥130	

注：采集原状土试样的钻孔孔径应比使用的取土器外径大一个径级。

（2）钻进方法。钻进方法可根据岩土类别、岩土可钻性分级和钻探技术要求等按表 1-2 选用。

表 1-2　钻进方法

钻进方法		钻进地层					勘察要求	
		黏性土	粉土	砂土	碎石土	岩石	直观鉴别、采集原状土试样	直观鉴别、采集扰动土试样
回转	螺旋钻进	++	+	+	-	-	++	++
	无岩芯钻进	++	++	++	+	++	-	-
	岩芯钻进	++	++	++	+	++	++	++
冲击钻进		-	+	++	++	+	-	-
锤击钻进		++	++	++	+	-	+	++
振动钻进		++	++	+	+	-	+	++
冲洗钻进		+	++	++	-	-	-	-

注：①++，适用；+，部分适用；-，不适用。②螺旋钻进不应用于地下水位以下的松散粉土和饱和砂土。

（3）取样方法。原状土钻孔取样方法有贯入式取样和回转式取样。

① 贯入式取样　采取贯入式取样时，取土器应平稳下放，并不得碰撞孔壁和冲击孔底。待取土器下放后，应核对孔深与钻具长度。下放取土器前应清孔，且除活塞取土器取样外，孔底残留浮土厚度不应大于取土器废土段长度，否则应提出取土器重新清孔。应采用快速、连续的静压方式贯入取土器，贯入速度不应小于 0.1 m/s。当利用钻机的给进系统施压时，应保证有连续贯入的足够行程。当压入固定活塞取土器时，应将活塞杆与钻架牢固连接，活塞不得向下移动。当贯入过程中需监视活塞杆的位移变化时，可在活塞杆上设定相对于地面固定点的标志，并测记其高差。活塞杆位移量不得超过总贯入深度的 1%。取土器贯入深度宜控制为取样管总长的 90%，贯入深度应在贯入结束后准确量测并记录。待取土器压入预计深度后，应将取土器回转 2～3 圈或稍加静置后再提出。

② 回转式取样　这种方法是使用单动、双动二（三）重管等回转式取土器取样，取土时内管压入取样，外管回转削切废土，削切掉的废土一般用钻机靠冲洗液带出孔口。取原状土试样时，应保证钻机平稳，钻具垂直、平稳地回转钻进，并可在取土器上加接重杆。回转式取

样时，回转钻进宜根据各场地地层特点通过试钻或经验确定钻进参数，选择清水、泥浆、植物胶等作冲洗液。取土器应具备可改变内管超前长度的替换管靴。宜采用具有自动调节功能的单动二(三)重管取土器，取土器内管超前量宜为 50～150 mm，内管管口压进后，应至少与外管齐平。对软硬交替的土层，宜采用具有自动调节功能的改进型单动二(三)重管取土器。对硬塑以上的黏性土、密实砾砂、碎石土和软岩，可采用双动三重管取土器取原状土试样。对于非胶结的砂、卵石层，取样时可在底靴上加置逆爪；若取原状土试样困难时，可采用植物胶冲洗液。

(4) 取样工具(取土器)。贯入式取土器有薄壁取土器、束节式取土器、黄土取土器、厚壁取土器等；回转式取土器有单动二重管(加内衬管即为三重管)、双动二(三)重管；另还有环刀取砂器。原状土取样工具可按表 1-3 选择。

表 1-3 不同等级扰动土样的取样工具适宜性

土样质量等级	土样扰动程度	取样工具		适用土类										
				黏性土					粉土	砂土				砾砂、碎石土、软岩
				流塑	软塑	可塑	硬塑	坚硬		粉砂	细砂	中砂	粗砂	
Ⅰ	不扰动(原状土)	薄壁取土器	固定活塞	++	++	+	—	—	+	+	—	—	—	—
			水压固定活塞	++	++	+	—	—	+	+	—	—	—	—
			自由活塞	—	+	++	—	—	+	+	—	—	—	—
			敞口	+	+	+	—	—	+	+	—	—	—	—
		回转取土器	单动三重管	—	+	++	++	+	++	++	++	—	—	—
			双动三重管	—	—	—	+	++	—	—	—	++	++	—
		探井(槽)中刻取块状土样		++	++	++	++	++	++	++	++	++	++	++
		束节式取土器		+	++	++	—	—	+	+	—	—	—	—
		原状取砂器		—	—	—	—	—	++	++	++	++	++	+
Ⅱ	轻微扰动	束节式取土器		+	++	++	—	—	+	+	—	—	—	—
		原状取砂器		—	—	—	—	—	++	++	++	++	++	+
		薄壁取土器	水压固定活塞	++	++	+	—	—	+	+	—	—	—	—
			自由活塞	+	++	++	—	—	+	+	—	—	—	—
			敞口	++	++	++	—	—	+	+	—	—	—	—
		回转取土器	单动三重管	—	+	++	++	+	++	++	++	—	—	—
			双动三重管	—	—	—	+	++	—	—	—	++	++	++
		厚壁敞口取土器		+	++	++	++	++	+	+	+	+	+	—

续表1-3

土样质量等级	土样扰动程度	取样工具	适用土类										
			黏性土					粉土	砂土				砾砂、碎石土、软岩
			流塑	软塑	可塑	硬塑	坚硬		粉砂	细砂	中砂	粗砂	
Ⅲ	显著扰动	厚壁敞口取土器	++	++	++	++	++	++	++	++	++	+	—
		标准贯入器	++	++	++	++	++	++	++	++	++	++	—
		螺纹钻头	++	++	++	++	++	+	—	—	—	—	—
		岩芯钻头	++	++	++	++	++	++	+	+	+	+	+
Ⅳ	完全扰动	标准贯入器	++	++	++	++	++	++	++	++	++	++	—
		螺纹钻头	++	++	++	++	++	+	—	—	—	—	—
		岩芯钻头	++	++	++	++	++	++	++	++	++	++	++

注：①++，适用；+，部分适用；—，不适用；②取砂土试样时应有防止试样散落的补充措施；③有经验时，可用束节式取土器代替薄壁取土器；④三重管回转取土器的内管超前长度应根据土类不同予以调整，也可采用有自动调整装置的取土器，如皮切尔(Pitcher)取土器。

1.1.1.2　探井、探槽和探洞中取样

在探井、探槽和探洞中，一般采用人工刻切的方法采集原状土样。即把原状土刻切成块状土样或圆柱状土样，然后将其装入试样容器中密封保存。取样时应符合以下规定：

(1) 探井、探槽和探洞中采取的原状土试样宜用盒装。试样容器可采用 ϕ120 mm×200 mm 或 120 mm×120 mm×200 mm、ϕ150 mm×200 mm 或 150 mm×150 mm×200 mm等规格。对于含有粗颗粒的非均质土及岩石样，可按实验设计要求确定尺寸。试样容器宜做成装配式，并应具有足够刚度，避免土样因自重过大而产生变形。容器应有足够净空，以便采取相应的密封和防扰动措施。

(2) 宜按下列步骤采集盒状土试样：

① 整平取样处的表面。

② 按土样容器净空轮廓除去四周土体以形成土柱，其大小应比容器内腔尺寸小 20 mm。

③ 套上容器边框，边框上缘应高出土样柱 10 mm，然后浇入热蜡液，蜡液应填满土样与容器之间的空隙至框顶，蜡液面应与框顶齐平。待蜡液凝固后，将盖板封上。

④ 挖开土样根部，使之与母体分离，再颠倒过来削去根部多余土料。土样应比容器边框低 10 mm，然后浇满热蜡液，待其凝固后将底盖板封上。

(3) 采集断层泥、滑动带(面)或较薄土层的试样时，可用实验环刀直接压入取样。

(4) 在探井、探槽和探洞中取样时，应与开挖掘进同步进行，且样品应有代表性。

1.1.1.3　特殊性岩土取样

(1) 软土

软土取样应符合下列规定：

① 软土应采用薄壁取土器静力压入法取样，不宜采用厚壁取土器或击入法取样；

② 应采取措施来防止所采集的土试样水分流失和蒸发。应将土试样置于柔软防振的样品箱中，在运输过程中，不得改变其原有结构状态。

(2) 膨胀岩土

膨胀岩土取样应符合下列规定：

① 采用薄壁取土器取样，取土器入土深度不得大于其直径的 3 倍，土试样直径不得小于 89 mm。

② 保持土试样的天然湿度和天然结构，并应防止土试样湿水膨胀或失水干裂。

(3) 湿陷性土

湿陷性土取样时应符合下列规定：

① 土试样宜在探井、探槽中刻取。

② 在钻孔中采集原状土试样时，应使用黄土薄壁取土器压入法取样；当压入法取样困难时，可采用一次击入法取样。

③ 采用无内衬取土器取样时，应确保内壁干净平滑，并可在内壁均匀涂上润滑油；采集结构松散的土样时，应使用有内衬取土器，内衬应平整光滑，端部不得上翘或翻卷，并应与取土器内壁紧贴。

④ 清孔时，应慢速、低压、连续压入或一次击入，清孔深度不应超过取样管长度，并不得采用小钻头钻进和大钻头清孔。

⑤ 取样时应先将取土器轻轻吊放至孔底，然后快速连续压入或一次击入，中途不得停顿。在压入过程中，钻杆应保持垂直、不摇摆，压入或击入深度宜保证土样超过盛土段 50 mm。

⑥ 卸土时不得敲击取土器。土试样取出后，应检查试样质量，当试样受压、破裂或变形扰动时，应废弃并重新取样。

(4) 多年冻土

多年冻土取样应符合下列规定：

① 土试样宜在探井、探槽和探洞中刻取；钻孔取样宜采集大直径试样。

② 冻土可用岩芯管取样；岩芯管取样困难时，可采用薄壁取土器击入法取样。

③ 从岩芯管内取芯时，可采用缓慢泵压法退芯，当退芯困难时可辅以热水加热岩芯管。取出的岩芯应自上而下按顺序摆放，并应标记岩芯深度。

④ 土试样取出后，宜在现场及时进行实验。当现场不具备实验条件时，应立即密封、包装、编号，并冷藏土样送至实验室，在运输过程中应避免试样振动。

1.1.2 扰动土样的采集

采集扰动土样是在有代表性的地点和土层深度钻取或挖取满足实验项目和实验方法所要求的试样，然后密封运至实验室备用。钻孔取样时的钻进方法可参阅表 1-2。取样工具按表 1-3 选择。

1.1.3 注意事项

(1) 取土器是影响原状土样质量的重要因素。对取土器的基本要求：尽量使土样不受或少受扰动；能顺利切入土层中，尽量减小摩擦阻力；要有可靠的密封性能，能较好地取得土样；结构简单且使用方便。

（2）在原状土取样过程中不可避免地会对试样产生一定的扰动，如改变土样的原位应力状态，并引起一定的卸荷回弹。我们要做的就是通过适当的取样器具和操作方法来尽量克服或减轻对原状土样含水率、结构和组成成分的扰动，从而使土样尽可能地保留其工程性质，尽可能地和现场土体一致。

（3）土样所受的扰动小，说明土样的质量高，能更好地反映真实情况；反之，则土样质量较差，不利于反映真实情况。不同类型的土力学实验对土样质量有不同的要求。根据土样所受扰动的程度不同，可将土样质量分为 4 个等级，不同的等级适用于不同的实验（表 1-4）。

表 1-4　土样质量等级

级别	扰动程度	实验内容
Ⅰ	不扰动	土类定名、含水率、密度、强度实验、固结实验
Ⅱ	轻微扰动	土类定名、含水率、密度
Ⅲ	显著扰动	土类定名、含水率
Ⅳ	完全扰动	土类定名

注：①不扰动是指原位应力状态虽已改变，但土的结构、含水率、密度变化很小，能满足室内实验各项要求；

②除地基基础设计等级为甲级的工程外，对于可塑、硬塑黏性土及非饱和的中密、密实粉土，在工程技术要求允许的情况下，可用Ⅱ级土样进行强度和固结实验，但宜先对土样受扰动程度作抽样鉴定，判断其是否适用于实验，并结合地区经验使用实验成果。

（4）软土强度低、灵敏度高，极易受到扰动，且受扰动后强度会显著降低。因此，为减少土样扰动，在进行软土原状土取样时，必须选用薄壁取土器。土质过软时，应采用固定活塞薄壁取土器，不宜使用自由活塞薄壁取土器。取样之前应对取土器进行仔细检查，刃口卷折和残缺的取土器必须更换。取样筒应形状规整，取样上、中、下部直径的最大值与最小值之差不能超过 1.5 mm。在软土中取样时宜采用快速、连续的静压法，使取土器贯入土体进行取样。

1.2　土样现场检验、封存及运输

（1）钻孔取土器提出地面之后，应小心地将原状土试样连同容器（衬管）卸下。

（2）对钻孔中采集的原状土试样，应在现场测定取样回收率。使用活塞取土器取样的回收率大于 1.00 或小于 0.95 时，应检查尺寸量测是否有误，土试样是否受压，并根据实际情况决定土试样是否废弃或降低等级使用。

（3）采集的土试样应密封，密封时可选用下列方法：

① 方法一：从钻孔取土器中取出土样，先将上下两端各去掉约 20 mm，再加上一块与土样截面面积相当的不透水圆片，然后浇灌蜡液至与容器端齐平，待蜡液凝固后扣上胶皮或塑料保护帽。

② 方法二：取出土样，用适当的盒盖将两端盖严后，将所有接缝用纱布条蜡封封口。

③ 方法三：采用方法一密封后，再用方法二密封。

(4) 对软质岩石土样，应采用纱布条蜡封或黏胶带密封。

(5) 每个土样密封后均应贴上标签，标签上下应与土样上下一致，并应牢固地粘贴在容器外壁上。土样标签应记载下列内容：

① 工程名称或编号；

② 孔(井、槽、洞)号，土样编号，取样深度，土样名称、颜色和状态；

③ 取样日期；

④ 取样人姓名；

⑤ 取土器型号、取样方法、回收率等。

(6) 土样标签记载应与现场钻探记录相符。取样的取土器型号、取样方法、回收率等应在现场记录中详细记载。

(7) 采集的土样密封后应置于温度及湿度变化小的环境中，不得暴晒或受冻。土样应直立放置，严禁倒放或平放。

(8) 运输土样时，应采用专用土样箱包装，并应用柔软缓冲材料填实。

(9) 对易于振动液化、水分离析的砂土试样，宜在现场或就近进行实验，并可采用冰冻法保存和运输。

1.3　土样的验收和管理

(1) 土样送达实验单位时，必须附送样单及实验委托书或其他有关资料。送样单应有原始记录和编号。送样单内容应包括工程名称、试坑或钻孔编号、高程、取土深度、取样日期等；对于原状土，还应有地下水位高程、土样现场鉴别和描述及定义、取土方法等。实验委托书应包括工程名称、工程项目、实验目的、实验项目、实验方法及要求。例如原状土进行力学性能实验时，试样是在天然含水率状态下还是在饱和状态下进行；剪切实验的仪器；剪切实验方法；剪切和固结的最大荷重；渗透实验是垂直还是水平方向；求某一级荷重或某一个干密度孔隙比下的固结系数或湿陷渗透系数；黄土压缩实验须提出设计荷重。扰动土样的力学性能实验要提出初步设计干密度和施工现场可能达到的平均含水率等。

(2) 实验单位接收到土样后，应按实验委托书验收。验收中需查明土样数量、编号，所送土样应满足实验项目和实验方法的要求。必要时可抽验土样质量，验收后登记、编号。登记内容应包括工程名称、委托单位、送样日期、土样室内编号和野外编号、取土地点和取土深度、实验项目，以及要求提出成果的日期等。

(3) 土样送交实验单位验收、登记后，即将土样按顺序妥善存放，并将原状土样和保持天然含水率的扰动土样置于阴凉的地方，尽量防止扰动和水分蒸发。土样从取样之日起至开始实验的时间不应超过 3 周。

(4) 实验余土应贮存于适当容器内，并标记工程名称及室内土样编号，妥善保管，以备审核实验成果之用。一般在实验报告提出 3 个月以后，委托单位对实验报告未提出任何疑义时方可处理余土。

(5) 处理实验余土时应考虑余土对环境的污染、卫生等要求。

1.4 土工试样制备

土工试样制备是土力学实验的初始步骤，既是后续实验的一项相当重要的基础性准备工作，也是获得正确实验结果的前提。为了保证实验结果的可靠性和实验数据的可比性，必须按照规范要求，统一土工试样的制备方法和程序。

土工试样制备可分为扰动土试样制备和原状土试样制备。扰动土试样制备包括风干、碾散、过筛、均匀后储存等预备程序和击实（或压实）等制备程序；原状土试样制备包括开启、切取等程序。

1.4.1 一般规定

（1）用于试样制备的扰动土和原状土的颗粒粒径应小于 60 mm。

（2）试样制备的数量视实验需要而定，应多制备 1～2 个备用。

（3）原状土同一组试样的密度最大允许差值应为±0.03 g/cm^3，含水率最大允许差值应为±2%；扰动土制备的试样密度、含水率与制备标准之间最大允许差值应分别为±0.02 g/cm^3 与±1%；扰动土平行实验或一组内各试样之间的密度、含水率最大允许差值应分别为±0.02 g/cm^3 与±1%。

1.4.2 试样制备目的

制备扰动土或原状土试样，为后续实验项目准备土工试样。

1.4.3 仪器设备

（1）筛：孔径 5 mm、2 mm、0.5 mm。

（2）洗筛：孔径 0.075 mm。

（3）台秤：称量 10～40 kg，分度值为 5 g。

（4）天平：称量 1000 g，分度值为 0.1 g；称量 200 g，分度值为 0.01 g。

（5）碎土器：磨土机。

（6）击实器：包括活塞、导筒和环刀。

（7）压样器。

1.4.4 试样制备步骤

1.4.4.1 扰动土试样制备

1）扰动土试样预备程序

（1）细粒土试样预备

细粒土是指粒径大于 0.075 mm 的、颗粒质量不超过土粒总质量 50%的土，其预备程序应按下列步骤进行：

① 对扰动土试样进行描述。描述内容包括颜色、土类、气味及夹杂物；当有需要时，将扰动土充分拌匀，取代表性土样进行含水率测定。

② 将块状扰动土放在橡皮板上用木碾或用碎土器碾散，碾散时勿压碎颗粒；当含水率较大时，可先风干至易碾散为止。

③ 根据实验所需试样数量，将碾散后的土样过筛。过筛后用四分对角取样法或分砂器取出足够数量的代表性试样装入玻璃缸内。试样应有标签，标签内容应包括任务单号、土样编号、过筛孔径、用途、制备日期和实验人员等，以备各项实验之用。对风干土，应测定风干含水率。

④ 配制一定含水率的试样。取过筛的风干土 1～5 kg 平铺在不吸水的盘内，按式(1.1)计算所需的加水量，用喷雾器喷洒预计的加水量，静置一段时间后装入玻璃缸内密封，润湿一昼夜备用。砂性土润湿时间可酌情缩短。

⑤ 测定湿润土样不同位置的含水率时，取样点不应少于 2 个，最大允许差值应为±1%。

⑥ 针对不同土层的土样制备混合土试样时，应根据各土层厚度，按权数计算相应的质量配合比，然后再按本项第①款至第④款的规定进行扰动土的预备工作。

(2) 粗粒土试样预备

粗粒土是指粒径大于 0.075 mm 的、颗粒质量超过土粒总质量 50%的土，其预备程序应按下列步骤进行：

① 对砂及砂砾土，可用四分法或分砂器细分土样。取足够实验用的代表性土样供颗粒分析实验用，其余过 5 mm 筛。筛上和筛下土样分别贮存，供比重及相对密度等实验用。取一部分过 2 mm 筛的试样供直剪、固结等力学性能实验用。

② 当有部分黏土依附在砂砾石表面时，先用水浸泡，将浸泡过的土样在 2 mm 筛上冲洗，取筛上及筛下代表性的试样供颗粒分析实验用。

③ 将冲洗下来的土浆风干至易碾散为止，再按本节第(1)项第②款至第④款的规定进行预备工作。

2) 扰动土试样制备程序

根据工程实际情况，扰动土试样的制备可分别采用击样法、击实法和压样法。

(1) 击样法

① 根据模具的容积及所要求的干密度、含水率，按式(1.2)、式(1.3)计算的用量制备湿土试样。

② 称出所需的湿土量。将模具固定在击实器的底板上，用击实法将湿土击入模具内。

③ 称取试样质量应符合第 1.4.1 节第(2)款的规定。

(2) 击实法

① 根据试样所要求的干密度、含水率，按式(1.2)、式(1.3)计算的用量制备湿土试样。称出所需的湿土量，将湿土倒入击实器的模具内。

② 按第 2.5.3 节第 1)、2)条的规定，将土样击实到所需的密度，用推土器推出。

③ 在实验用的切土环刀内壁涂一薄层凡士林，刃口向下，放在土样上。用切土刀将土样切削成稍大于环刀直径的土柱。然后将环刀垂直向下压，边压边削，至土样伸出环刀为止。削去两端余土并修平。擦净环刀外壁，称取环刀和土的总质量，准确至 0.1 g，测定环刀两端削下土样的含水率，并应使含水率符合第 1.4.1 节第(3)款的规定。

(3) 压样法

① 根据模具的容积及所要求的干密度、含水率,按式(1.2)、式(1.3)计算的用量制备湿土试样。称出所需的湿土量,将湿土倒入压样器内,拂平土样表面,以静压力将土压入。

② 称取试样质量,应符合第 1.4.1 节第(2)款的规定。

1.4.4.2　原状土试样制备

(1) 小心开启原状土样包装皮,辨别土样上下和层次,整平土样两端。无特殊要求时,切土方向应与天然层次垂直。

(2) 按"扰动土试样制备程序"之"击实法"中第③款的规定切取试样。试样与环刀应密合。

(3) 切削过程中应仔细观察土样的情况,并应描述土样的层次、气味、颜色,同时记录土样有无杂质、土质是否均匀、有无裂缝等情况。

(4) 切取试样后剩余的原状土样应用蜡纸包好并置于保湿器内,以备补做实验之用。切削的余土做物理性能实验。

(5) 应视试样本身及工程要求,决定是否进行饱和;当不立即进行实验或饱和时,应将试样暂存于保湿器内。

1.4.5　结果计算

(1) 配制一定含水率的试样所需加水量按下式计算:

$$m_w = \frac{m_0}{1+0.01w_0} \times 0.01(w' - w_0) \tag{1.1}$$

式中　m_w——土样所需加水质量(g);

m_0——风干土质量(或天然湿土质量,g);

w_0——风干含水率(或天然含水率,%);

w'——土样所要求的含水率(%)。

(2) 制备扰动土样所需土的总质量按下式计算:

$$m_0' = (1+0.01w_0)\rho_d V \tag{1.2}$$

式中　m_0'——所需土的总质量(g);

ρ_d——制备土样所要求的干密度(g/cm^3);

V——击实土样体积或压样器所用环刀容积(cm^3)。

(3) 制备扰动土样应增加的水量按下式计算:

$$\Delta m_w = 0.01(w' - w_0)\rho_d V \tag{1.3}$$

式中　Δm_w——制备扰动土样应增加的水量(g)。

1.4.6　实验记录

(1) 原状土开土记录见附表 1。

(2) 扰动土样制备记录见附表 2。

1.4.7　注意事项

(1) 土样制备过程中的统一规定:用于直剪及固结等力学性能实验的扰动土样过 2 mm

筛进行试样制备。用于含水率、密度等物理性能实验的扰动土样过 0.5 mm 筛。用于击实实验的扰动土样过 5 mm 筛或 20 mm 筛。

(2) 采用击实法制备扰动土样时，以往通常将土样击实后再切成试样，这样做往往因分层击实而造成试样上、下密度及土体结构均匀性不佳，为此最好采用单层击实。单层击实法(用小面积锤)中，以控制击实高度来控制土样的密度，这样更易于控制试样的密度。

(3) 原状土的开土、切削、土样描述强调了对土样质量的鉴别。为了保证实验成果的可靠性，质量不符合要求的原状土样(如天然结构受到破坏)不能用于固结、直剪等力学性能实验。

(4) 对密封的原状土样除小心搬运和妥善存放外，在实验前不应开启；实验前如需要进行土样鉴别和分类必须开启时，则在检验后应迅速妥善封好并储藏，使土样少受扰动。

1.5　土工试样饱和

土的孔隙逐渐被水填充的过程称为饱和。当孔隙被水充满时的土称为饱和土。视土样的透水性能，试样饱和方法可选用浸水饱和法、毛细管饱和法及真空抽气饱和法。

砂土：可采用浸水饱和法。

较易透水的细粒土：渗透系数大于 1×10^{-4} cm/s 时，宜采用毛细管饱和法。

不易透水的细粒土：渗透系数小于或等于 1×10^{-4} cm/s 时，宜采用真空抽气饱和法。如土的结构较弱，抽气可能发生扰动时，则不宜采用真空抽气饱和法。

1.5.1　试样饱和目的

为渗透、固结、直剪等土工实验预备饱和土工试样。

1.5.2　浸水饱和法

浸水饱和法是直接在仪器内对试样进行浸水饱和，也就是将土样直接浸泡在水中进行饱和。

1.5.3　毛细管饱和法

(1) 仪器设备

框式饱和器(图 1-1)、天平(称量 200 g，分度值 0.1 g)、水箱(带盖)等。

(2) 操作步骤

① 选用框式饱和器，在装有试样的环刀两面贴放滤纸，再放两块大于环刀直径的透水板于滤纸上，通过框架两端的螺丝将透水板、环刀夹紧。

② 将装好试样的饱和器放入水箱中，注入清水，水面不宜将试样淹没。

③ 关上箱盖，防止水分蒸发，借土的毛细管作用使试样饱和，浸水

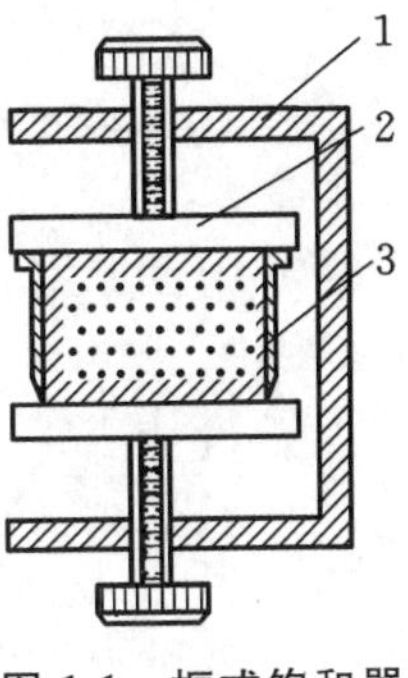

图 1-1　框式饱和器

1—框架；2—透水板；3—环刀

时间约需 3 d。

④ 试样饱和后，取出饱和器，松开螺丝，取出环刀，擦干外壁，吸去表面积水，取下试样上、下滤纸，称取环刀与土的总质量，准确至 0.1 g，按式(1.4)计算饱和度。

⑤ 当饱和度小于 95%时，将环刀再装入饱和器，浸入水中延长饱和时间，直至满足要求为止。

(3) 结果计算

试样饱和度按下式计算：

$$S_r=\frac{(\rho-\rho_d)G_s}{e\rho_d}\times 100 \text{ 或 } S_r=\frac{wG_s}{e} \tag{1.4}$$

式中 S_r——饱和度(%)；

ρ——试样饱和后的密度(g/cm³)；

ρ_d——试样的干密度(g/cm³)；

G_s——土粒的比重(g/cm³)；

e——试样的孔隙比；

w——试样饱和后的含水率(%)。

(4) 实验记录

毛细管饱和法实验记录见附表 3。

1.5.4 真空饱和法

(1) 仪器设备

重叠式饱和器(图 1-2)、真空饱和装置(图 1-3)、天平(称量 200 g，分度值 0.1 g)。

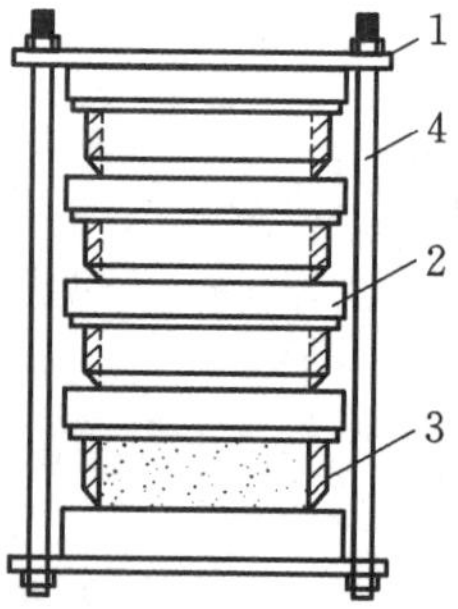

图 1-2 重叠式饱和器

1—夹板；2—透水板；3—环刀；4—拉杆

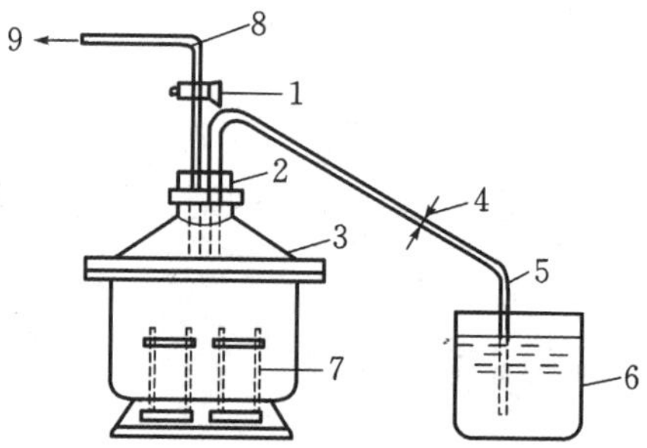

图 1-3 真空饱和装置

1—二通阀；2—橡皮塞；3—真空缸；4—管夹；5—引水管；6—盛水器；7—饱和器；8—排气管；9—接抽气机

(2) 操作步骤

① 选用重叠式饱和器(图 1-2)或框式饱和器(图 1-1)。在重叠式饱和器的下夹板正中放置稍大于环刀直径的透水板和滤纸，将装有试样的环刀放在滤纸上，在试样上再放一张滤纸和一块透水板，以此顺序由下向上重叠至拉杆的高度，将饱和器上夹板放在最上部透水板上，旋紧拉杆上端的螺丝，将各个环刀在上下夹板间夹紧。

② 将装好试样的饱和器放入真空缸(图 1-3)内，盖上缸盖，盖缝内应涂一薄层凡士林，

以防漏气。

③ 关闭管夹，打开二通阀，将抽气机与真空缸接通。开动抽气机，抽除缸内及土中气体。当真空表接近 100 kPa 时，继续抽气，黏质土约 1 h、粉质土约 0.5 h 后，稍微开启管夹，使清水由引水管徐徐注入真空缸内。在注水过程中，应调节管夹，使真空表上的数值基本保持不变。

④ 待饱和器完全淹没于水中后即停止抽气，将引水管自水缸中提出，开启管夹，令空气进入真空缸内，静置一定时间(细粒土宜为 10 h)，使试样充分饱和。

⑤ 按第 1.5.3 节第(2)项第④款的规定取出试样，称量并计算饱和度。

⑥ 当饱和度小于 95%时，应继续抽气饱和，直至满足要求为止。

(3) 结果计算

试样饱和度按式(1.4)进行计算。

(4) 实验记录

真空饱和法实验记录见附表 3。

1.5.5 注意事项

饱和度的大小对渗透实验、固结实验和剪切实验等结果均有影响。对于不测孔隙水压力参数的实验，一般认为饱和度大于 95%即为饱和。对于需要测定孔隙水压力参数的实验，如三轴压缩实验、应变控制加荷固结实验等，对饱和度的要求较高(S_r 为 98%以上)，宜采用二氧化碳或反压力饱和方法。

1.6 实验资料整理

1.6.1 实验数据的处理

实验测得的原始数据，必须经过一系列科学处理才能得出正确结论。我们把从获得原始数据起到得出结论为止的数据加工过程称为数据处理。选择恰当的数据处理方法，科学地处理实验数据，可以最大限度地减少误差，让实验结果最接近真值，有助于我们正确了解被测量或被研究对象的客观规律。目前，数据处理最常用的方法是数理统计法。

1.6.1.1 误差

实践告诉我们，当对同一物理量进行反复多次测量时，得到的数值并不一样。测量过程中，由于环境变化、仪器的精确度、方法不完善、人为误读误算或视觉差等因素的影响，使测得的数值只是客观条件下的近似值，而不是物体的真值。虽然真值永远无法得到，但是可以估计测定值与真值相差的程度，这种测定值与真值之间的差值称为误差。

随着科学水平和人们认知能力的提高，误差已可以控制得比较小，但不能完全消除。每次测量都会有误差，如何减少误差，保证实验数据的准确，即成为实验中的重要环节。为此，我们必须做到：①分析误差产生的原因，正确认识误差的性质，以减少测量误差；②科学处理实验数据，正确计算实验结果，以便接近于真值；③合理组织(设计)实验，正确选用仪器，规范操作方法，以便取得理想的结果。

1）测量及分类

测量就是以相同性质的标准量与被测量进行比较，并确定被测量对标准量的倍数。标准量应该是国际上或国家级或省部级等单位所公认的、性能比较稳定的量，一般由测量仪器或测量工具来体现。测量包括三要素，即测量对象、测量方法和测量设备。测量的过程包括准备、测量和数据处理三个阶段。

测量方式按测量结果的获取方法可分为以下三类：

（1）直接测量。直接测量是指从仪器的读数中直接获取测量结果的方法，即把未知量与已知量相比较，直接求得未知量的数值。例如：想获得某物体的长度，根据测量精度的不同，我们选用刻度尺、卷尺、游标卡尺、螺旋测微器等测量其长度，就属于直接测量。

（2）间接测量。间接测量是通过直接测量与被测参数有一定函数关系的其他量，间接获得该被测参数量值的方法。即被测未知量不能直接测得，但该未知量可以通过公式与几个变量相联系，将直接测得的各变量值代入公式中，经过计算来获得未知量的数值。间接测量是用得最多的一种测量方法，大多数测试都是在间接测量的基础上完成的。

（3）组合测量。组合测量是指先直接测量与被测未知量有一定函数关系的某些量，然后在一系列直接测量的基础上，通过联立求解各函数关系式来获得测量结果的方法。

2）误差及分类

测定值与真值之间的差异称为误差。误差的分类方法较多，按照误差最基本的性质和特点，可分为三大类：系统误差、随机误差（偶然误差）和疏忽误差（过失误差）。

（1）系统误差

系统误差是由某种确定的原因引起的、按一定规律出现的误差。在同一条件下，多次重复测定同一量时，误差的大小和正负号有较明显的规律。即在测试过程中，始终偏离一个方向，其误差大小和符号相同。其特征是：不能依靠增加测量次数来消除，一般可通过实验分析方法掌握其变化规律，并按照相应规律采取补偿或修正的方法加以消除。

在一组测试中，如果系统误差很小，那么可以说测试结果是相当准确的。系统误差越小，则表示测试的准确度越高。所以，测试的准确度是由系统误差来描述和表征的。

土力学实验中，根据误差的来源，系统误差主要有仪器误差、方法误差、操作误差等。

① 仪器误差。仪器误差是因仪器本身的缺陷（不够准确）或没有按规定条件使用仪器而造成的。如仪器的零点不准；仪器未调整好；天平的灵敏度低；砝码重量不准确；外界环境（光线、温度、湿度、电磁场等）对测量仪器的影响等所产生的误差。

② 方法误差（理论误差）。方法误差是由于实验方法本身所依据的理论不完善，或选用的实验方法不当等所带来的误差。

③ 操作误差。操作误差是由于观测者个人感官和运动器官的反应或习惯不同而产生的误差（如某人读数时，视差总偏向一边而造成读数时的误差）。操作误差因人而异，并与观测者当时的精神状态有关。

（2）随机误差

随机误差也称为偶然误差或不定误差，是在测定过程中一系列有关因素微小的随机波动而形成的具有相互抵偿性的误差。

任何一次测量中，随机误差都是不可避免的，随机误差的大小和正负都不固定。在同一条件下重复进行多次测量就会发现:随机误差的大小、正负各有其特性,但服从一定的统计规律,即绝对值相同的正负随机误差出现的概率大致相等。因此,它们之间常能互相抵消,所以可以通过增加平行测定的次数,采用取平均值的办法减小。

随机误差产生的原因十分复杂,如室温、相对湿度和气压等环境条件的不稳定,测试人员个人感官的生理变化或操作的微小差异,仪器的不稳定等,以及它们的综合影响都是产生随机误差的因素。

在具体测量中,如果数值大的随机误差出现的概率比数值小的随机误差出现的概率低得多,则表示测量结果较为准确,一般用精密度来表征随机误差的离散程度。

(3) 疏忽误差

疏忽误差,也称过失误差或粗大误差,是指测试者的疏忽大意,在测定过程中犯了不应有的错误而造成的误差,如操作失误、读数错误、记录错误或计算错误,或测试时发生了未察觉的异常情况等。疏忽误差明显地歪曲测量数据,使测试结果完全错误。疏忽误差远远超过同一客观条件下的系统误差和随机误差,这类误差无规律可循。但只要测试者、计算者或审核者养成专心、认真、细致的良好工作作风与习惯,不断提高理论与操作技术水平,疏忽误差是可以避免的。一旦有了疏忽误差,就应舍弃有关数据(必要时应重新测试)。

值得注意的是:误差的性质是可以在一定条件下转化的。如直剪仪测力环(百分表)的示值误差,对成批的直剪仪来说,是偶然误差。但用某一台直剪仪进行实验时,示值误差使测量结果始终偏大或偏小,就成为系统误差了。

3) 绝对误差与相对误差

绝对误差是测量值和真值之间的差值,通常简称为误差,用来表示测试的准确度。其数值的大小表示偏离程度,其值之正负表明偏离方向。因为真值是无法测得的,故通常采用最大误差表示。

绝对误差给出的是测量结果的实际误差值,其量纲与被测参数的量纲相同,因此,应依据绝对误差的数值来修正测量结果。

相对误差是绝对误差与真值之比,通常用百分数(%)表示,具有可比性,更能反映测量的可信程度。

1.6.1.2 数据的统计特征量

实验测试结果通常具有一定的波动性。数据虽然有波动,但并非杂乱无章,而是呈现出一定的规律性。为了便于研究实验数据的特征,一般把数据特征分成两类,一类反映数据的集中趋势或集中程度,如平均数、中位数等。另一类反映数据的离散趋势或离散程度,如标准差(均方差)、极差、变异系数等。下面介绍几种常用的数据统计特征量。

(1) 算术平均数

算术平均数是指在一组数据中,所有数据之和除以数据的个数。它既是反映数据集中趋势的一项指标,也是统计学中最常用的统计量,用来表明各观测值相对集中的中心位置。

对某一未知量测定 n 次,测得的一组数据为 $X_1, X_2, \cdots, X_n$,则其算术平均数的计算公式为

$$\bar{x} = \frac{X_1 + X_2 + \cdots + X_n}{n} = \frac{1}{n}\sum_{i=1}^{n} X_i \tag{1.5}$$

式中 $\bar{x}$——算术平均数。

算术平均数是一个良好的集中量数，具有反应灵敏、确定严密、简明易解、计算简单、适合进一步演算且受抽样变化的影响较小等优点，它是未知量母体真值的最精确推定值。测试的次数越多，误差的代数和越接近零，其越接近真值。但算术平均数易受极端数据（个别较大或较小的数据）的影响，极端数据的出现，会使平均数的真实性受到干扰，这是因为平均数反应灵敏，每个数据或大或小的变化都会影响到最终结果。

(2) 标准差

标准差也称为均方差，是观测值与其平均数离差平方的算术平均数的平方根，也就是方差的平方根。标准差 σ 按下式计算：

$$\sigma=\sqrt{\frac{\sum_{i=1}^{n}(X_i-\overline{X})^2}{n-1}}=\sqrt{\frac{\sum_{i=1}^{n}X_i^2-n\overline{X}}{n-1}} \tag{1.6}$$

采用算术平均数来处理观测结果，不能反映观测值的误差大小，但如果计算中有了平方的程序，不管是正误差还是负误差，都变成正数，不会相互抵消。这样我们就可以看出一组等准确度测量系列中观测值的变异程度。所以，标准差是一组数据算术平均数分散程度的一种度量。算术平均数相同的两组数据，标准差未必相同。标准差越小，表明数据越聚集，代表这些数值越接近算术平均数；标准差越大，表明数据越离散，代表大部分数值与其算术平均数之间的差异较大。

(3) 变异系数

变异系数又称离散系数，它是标准差与算术平均数之比。变异系数 C_v 按下式计算：

$$C_v=\frac{\sigma}{\overline{X}}\times 100\% \tag{1.7}$$

变异系数是衡量各观测值变异程度的另一个统计量。当进行两组或多组数据变异程度的比较时，如果度量单位与算术平均数相同，则可以直接利用标准差来比较；如果度量单位和（或）算术平均数不同，就不能采用标准差来比较其变异程度，而应采用变异系数来比较更合理。所以，变异系数可以消除度量单位和（或）算术平均数不同对两组或多组数据变异程度比较的影响。

变异系数的大小同时受标准差和算术平均数两个统计量的影响，因而在使用变异系数表示变异程度时，最好将标准差和算术平均数也列出。

1.6.1.3 数据处理法则

在实验过程中，由于测量结果总是含有误差，所以在记录和进行数字运算时，必须注意计量数字的位数，位数过多会使人误以为测量精度很高，位数过少会损失精度，一般应遵循以下规则：

(1) 有效数字及测量数值的记录

有效数字是指在一个数中，从该数的左边第一个非零数字起，直到末尾数字止的所有数字。例如 0.61、0.610 和 0.6100，其中 0.61 的有效数字有两位，分别是 6 和 1；0.610 的有效数字有三位，分别是 6、1 和 0；0.6100 的有效数字有四位，分别是 6、1、0 和 0。

为了取得精确的实验结果，不仅要准确测试，还要正确记录。所谓正确记录，是指记录实验中所测数值的位数。因为数值的位数不仅表示数字的大小，也反映测量的准确程度。也就是说，测量结果所记录的数值，其有效数字的位数应与所用仪器测量的准确度相适应。

记录测量数值时，应待按测量仪器最小分度值读取后再估读一位，因此，实验记录的测量数据，只有最后一位有效数字是欠准数字(估读数字)。例如：固结实验用百分表测量土样在不同压力下的沉降量，百分表读数分别为 1.185 mm、2.318 mm、2.871 mm 等，小数点后的最后那一位数字是估读数字。从这个例子也可以看出，有效数字是和仪器的准确程度相关的。

综上可知：实验中测得的数字与数学上的数字是不一样的。如数学上数字：0.61＝0.610＝0.6100，而实验中数字：0.61≠0.610≠0.6100。

(2) 数值修约规则

在科学技术与生产活动中，实验测定和计算得到的各种数值需要修约时，应按《数值修约规则与极限数值的表示和判定》(GB/T 8170—2008)进行。数值修约进舍规则如下：

① 拟舍弃数字的最左一位数字小于 5 时，则舍去，保留其余各位数字不变。

例如：将 12.1498 修约到一位小数，得 12.1。

② 拟舍弃数字的最左一位数字大于 5 或者是 5，且其后有非 0 数字时，则进 1，即保留数字的末位数字加 1。

例如：将 12.68 修约到个位数，得 13；将 10.502 修约到个数位，得 11。

③ 拟舍弃数字的最左一位数字为 5，且其后无数字或皆为 0 时，若所保留的末位数字为奇数(1、3、5、7、9)则进 1，即保留数字的末位数字加 1；若所保留的末位数字为偶数(0、2、4、6、8)，则舍去。

【例 1】 修约间隔为 0.1。

拟修约值	修约值
1.05	1.0
0.350	0.4

【例 2】 修约间隔为 1000(或 10^3)。

拟修约值	修约值
2500	2×10^3(特定场合可写为 2000)
3500	4×10^3(特定场合可写为 4000)

“特定场合”是指修约间隔明确时。

【例 3】 将下列数字修约成两位有效位数。

拟修约值	修约值
0.0325	0.032
32500	32×10^3(特定场合可写为 32000)

④ 负数修约时，先将它的绝对值按上述规定进行修约，然后在修约值前面加上负号。

例如：将－355 修约到“十”数位，则修约值为－36×10(特定场合可写为－360)。

⑤ 拟修约数字应在确定修约间隔或指定修约位数后一次修约获得结果，不得多次按上

述规则连续修约。

例如：修约 15.4546，修约间隔为 1。

正确的做法：15.4546→15

不正确的做法：15.4546→15.455→15.46→15.5→16

⑥ 在具体实施中，有时测试与计算部门先将获得的数值按指定的修约数位多一位或几位报出，而后由其他部门判定。为避免产生连续修约的错误，应按下述步骤进行：a.报出数值最右的非零数字为 5 时，应在数值右上角加"＋"或"－"或不加符号，以分别表明已舍、进或未舍未进。例如：16.50^{+} 表示实际值大于 16.50，经修约舍弃为 16.50；16.50^{-} 表示实际值小于 16.50，经修约进 1 为 16.50。b.如对报出值需要进行修约，当拟舍弃数字的最左一位数字为 5，且其后无数字或皆为零时，数值右上角有"＋"者进 1，有"－"者舍去，其他仍按上述规则进行。

【例 4】 将下列数字修约到个数位(报出值多留一位至一位小数，解答见表 1-5)。

表 1-5　例 4 的修约表

实测值	报出值	修约值
15.4546	15.5^{-}	15
16.5203	16.5^{+}	17
17.5000	17.5	18
－15.4546	-15.5^{-}	－15

⑦ 0.5 单位修约。将拟修约数值 X 乘以 2，按指定修约间隔对 $2X$ 依上述规定进行修约，所得数值($2X$ 修约值)再除以 2。

【例 5】 将下列数字修约到个数位的 0.5 单位修约(解答见表 1-6)。

表 1-6　例 5 的修约表

拟修约数值 X	$2X$	$2X$ 修约值 (修约间隔为 1)	X 修约值 (修约间隔为 0.5)
60.25	120.50	120	60.0
60.38	120.76	121	60.5
－60.75	－121.50	－122	－61.0

⑧ 0.2 单位修约。将拟修约数值乘以 5，按指定修约间隔对 $5X$ 依上述规定进行修约，所得数值($5X$ 修约值)再除以 5。

【例 6】 将下列数字修约到"百"数位的 0.2 单位修约(解答见表 1-7)。

表 1-7 例 6 的修约表

拟修约数值 X	$5X$	$5X$ 修约值（修约间隔为 100）	X 修约值（修约间隔为 20）
830	4150	4200	840
842	4210	4200	840
−930	−4650	−4600	−920

（3）有效数字运算法则

在有效数字的运算过程中，为了不因运算而引进误差或损失有效数字，影响测量结果的精确度，并尽可能地简化运算过程，应遵循以下运算规则：

① 小数的加减运算。先按小数点后位数最少的数据保留其他各数的位数，再进行加减运算，计算结果应保留的小数点后的位数与原来数字中小数点后的位数最少的那个相同。

例如：0.0216、16.84、2.36885 三个数字相加，小数点后位数最少的数据是 16.84（小数点后两位数），所以先将 0.0216 修约到 0.02，将 2.36885 修约到 2.37，然后再相加，正确的计算为 $0.0216+16.84+2.36885\approx0.02+16.84+2.37=19.23$。计算结果也保留至小数点后两位。

② 小数的乘除运算。先按有效数字最少的数据保留其他各数，再进行乘除运算，计算结果应保留的有效数字的位数与原来数字中有效数字的位数最少的那个相同。

例如：0.0216、16.84、2.36885 三个数相乘，其中有效数字最少的数据是 0.0216（三位有效数字），所以其他各数也应保留三位有效数字，然后再相乘，正确的计算为 $0.0216\times16.84\times2.36885\approx0.0216\times16.8\times2.37=0.860$，计算结果也保留三位有效数字。

③ 小数的乘方、开方运算。计算结果应保留的有效数字的位数和原来有效数字（底数）的位数相同。

例如：$150.6^2=22680.36$，150.6 有四位有效数字，所以计算结果应保留四位有效数字，应取 2.268×10^4。

④ 同时需作几种运算时，对需要作中间运算的数字所保留的位数，应比单一运算时所应保留的位数多一位。

1.6.2 实验成果整理

1.6.2.1 实验数据的取舍

为使实验资料可靠和适用，应进行正确的数据分析和整理。整理时对实验资料中明显不合理的数据，应通过研究和分析原因（试样的代表性、实验过程中出现异常情况等），或在有条件时进行一定的补充实验后，可决定对可疑数据的取舍或改正。

舍弃实验数据时，应根据误差分析或概率的概念，按 3 倍标准差作为舍弃标准，即在资料分析中应该舍弃那些在 $\bar{x}\pm3\sigma$ 范围以外的测定值，然后重新计算整理。

1.6.2.2 土性指标的成果整理

土工实验测得的土性指标，可按其在工程设计中的实际作用分为一般特性指标和主要计算指标。一般特性指标系指作为对土分类定名和阐明其物理化学特性的指标，如土的天然密度、天然含水率、土粒比重、颗粒组成、液限、塑限、有机质、水溶盐等指标；主要计算指标系指在设计计算中直接用以确定主体的强度、变形和稳定性等力学性能指标，如土的黏聚力、内摩擦角、压缩系数、变形模量、渗透系数等指标。

(1) 一般特性指标的成果整理。通常可采用多次测定值的算术平均值 $\bar{x}$，并计算出相应的标准差 σ 和变异系数 C_v，以反映实际测定值相较于算术平均值的变化程度，并按表 1-8 评价变异性，从而判别其采用算术平均值时的可靠性。

表 1-8　变异性评价

变异系数	$C_v<0.1$	$0.1\leqslant C_v<0.2$	$0.2\leqslant C_v<0.3$	$0.3\leqslant C_v<0.4$	$C_v\geqslant 0.4$
变异性	很小	小	中等	大	很大

(2) 主要计算指标的成果整理。当测定的组数较多时，此时指标的最佳值接近于诸测值的算术平均值，仍可按一般特性指标的方法确定其设计计算值，即采用算术平均值。但通常由于实验数据较少，考虑到测定误差、土体本身不均匀性和施工质量的影响等，从安全出发，对初步设计和次要建筑物宜采用标准差平均值，即对算术平均值加或减一个标准差的绝对值($\bar{x}\pm|\sigma|$)。

(3) 对不同应力条件下测得的某种指标(如抗剪强度)，应经过综合整理求取。在某些情况下，尚需求出不同土体单元综合使用时的计算指标。这种综合性的土性指标一般采用图解法或最小二乘方分析法确定。

① 图解法：用不同应力条件下测得的指标值(如抗剪强度)求得算术平均值，然后以不同应力为横坐标、以指标平均值为纵坐标作图，并求得关系曲线，确定其参数(如土的黏聚力和角摩擦系数)。

② 最小二乘方分析法：根据各测定值同关系曲线的偏差的平方和为最小的原理求取参数值。

③ 当设计计算几个土体单元土性参数的综合值时，可按土体单元在设计计算中的实际影响，采用加权平均值(式 1.8)。

$$\bar{x}=\frac{\sum\bar{\omega}_i x_i}{\sum\bar{\omega}}\tag{1.8}$$

式中　$\bar{\omega}_i$——不同土体单元的对应权；

x_i——不同土体单元的计算指标。

1.6.2.3　实验报告

实验报告是实验结果和结论评定的最终呈现形式，其重要性不言而喻，必须细致严谨地撰写实验报告。实验报告的编写和审核应符合以下规定：

(1) 实验报告的编写

① 实验报告所依据的实验数据应进行整理、检查、分析，经确定无误后方可采用。

② 实验报告所需提供的依据应包括根据不同建筑物的设计和施工的具体要求所拟实验的全部土性指标。

③ 实验报告的内容可包括实验方案的简要说明,实验数据和基本结论。其中,实验方案的内容可包括工程概况、所需解决的问题,以及由此对试样的采制、实验项目和实验条件提出的要求。

④ 实验报告中应采用国家颁布的法定计量单位。

(2) 实验报告的审查

① 对照委托任务书,检查实验项目是否齐全。

② 检查实验项目是否按照实验方法标准进行。

③ 综合分析检查各指标间的关系是否合理。

④ 对需要进行数据统计分析的实验报告,应检查选用的方法是否合理,结果是否正确。

⑤ 检查土的定义是否与相关标准相符。

(3) 实验报告的审批

① 由实验人员填写成果汇总表。

② 由校核人员校核汇总表中的数据。

③ 由实验负责人编写实验报告。

④ 由技术负责人签字并盖章。

1.7 实验教学基本任务与要求

1.7.1 实验项目

土力学实验项目大致可以分为土的物理实验和力学实验。其中,土的物理实验主要包括土的含水率实验、密度实验、比重实验、颗粒分析实验、界限含水率实验、相对密度实验等;土的力学实验主要包括渗透实验、剪切实验、承载比实验、压缩实验、固结实验、击实实验、无侧限抗压强度实验等。对于土力学实验教学而言,可以根据不同专业相关课程教学需要和课时计划安排来灵活组织实验项目。

1.7.2 基本任务

土力学实验是土力学课程的实践性教学环节,它的基本任务如下:

(1) 使学生掌握土工实验的基本方法与基本手段,获得必要的实验操作技能。

(2) 熟悉土工实验方法标准、规范与技术要求,学会正确使用相关实验设备。

(3) 掌握处理实验数据的正确方法,具备科学分析实验结果、规范编写实验报告的能力,树立实事求是的科学态度和严谨的工作作风。

(4) 培养学生发现问题、分析问题和解决问题的能力,提高科学研究的素养。

总之,通过实验教学,巩固和加深学生对所学理论知识的理解,培养学生的工程实践能力和创新能力,为今后参与岩土工程设计、施工、检测、监理和科研等相关工作打下良好的基础。

1.7.3 基本要求

(1) 对实验指导老师的要求

① 精心准备实验。在实验前,将所需实验器具、实验材料等及时准备到位,将实验设备调试至正常状态。实验主讲老师要备好实验教案。

② 悉心指导实验。首先按事先备好的实验教案,从实验目的、实验原理、关键操作和设备的使用(演示操作)等方面进行讲解,把学生在实验中容易疏忽和出错的地方作为"注意事项"单独列出讲解,可以通过提问的方式检查学生预习的情况。整个实验教学过程中,指导老师应始终在实验室巡视学生实验情况。指导老师要做到"三勤":腿勤(巡视发现问题)、嘴勤(释疑或解答问题)、手勤(纠正不规范的实验操作)。

③ 用心总结实验。认真批改每一份实验报告,对不符合要求的实验报告,要通知到个人,指出报告中的问题与错误,并退回重写,直到达到要求为止。注重总结学生在实验操作中、在实验报告的数据处理中所犯的共性错误,以便在下一级学生实验时特别指出,避免再犯。

④ 注重实验安全与纪律教育。实验教学的第一讲应该是安全教育,重点强调水、电、气、危化品、高温设备、特种仪器设备等安全使用常识及应急处理措施。强调实验室纪律,严肃批评并制止学生在实验室内的嬉笑、打闹行为,以防发生意外;防止学生在实验时玩手机、游荡、闲逛等违纪行为。

(2) 对学生的要求

① 实验前必须预习相关实验内容,写好预习报告(预习报告应有实验目的、实验原理和操作要点等基本内容),应对实验所用的仪器与材料有基本的了解,并准备好实验数据记录表格。

② 认真听老师讲解操作要领、实验注意事项和仪器设备的使用方法,做到实验操作规范、设备使用正确,少犯或不犯某些错误,力求实验数据准确。

③ 实验过程中要严格遵守实验操作规程,仔细观察实验现象,认真做好实验记录。数据记录应清晰、工整、无遗漏,并应树立实事求是的科学态度(绝不能篡改实验数据)。

④ 科学分析实验结果,写好实验报告。实验报告应包含原始数据、数据处理过程、计算结果、实验结论及思考题解答等核心内容。

⑤ 对设计性实验、综合性实验等提高型实验,应提前查阅文献,做好理论推导与计算,缜密设计实验步骤,并通过实验发现问题(设计是否合理)、分析问题(偏离预期结果的原因)、解决问题(调整、完善设计思路),以提高科学研究能力。

(3) 学生实验守则

① 实验前必须预习。教师可抽查预习报告,并就实验目的、实验原理及操作要点等随机提问。经检查发现预习不符合要求者,指导老师有权不允许其参加本次实验,并定期补做。

② 实验课不得迟到、早退和无故缺席,请假应事先备好假条(假条须有班主任或辅导员签字)并交给指导教师。

③ 实验开始前,先检查仪器设备是否完好,非指定设备不得动用,设备有故障的不得强行使用。

④ 实验中不得做与实验无关的事(如玩手机、读报、翻阅杂志等)。不得大声喧哗,禁止乱扔垃圾(纸片、杂物等)和随地吐痰,不得随意走动,不得打闹,严禁吃零食与吸烟。

⑤ 在实验过程中，应特别注意安全问题，避免设备伤人；避免触电、中毒、烧（烫）伤等事故；避免同学间因相互嬉戏、打闹而发生意外伤害。发现安全隐患应立即报告指导教师。

⑥ 实验进行时应仔细观察现象，认真记录数据，以得出正确的结果和结论。如果是以实验小组为单位开展实验，组内成员要分工明确且配合默契。最终实验数据需经指导老师审核认可后，方可结束本次或本项目实验。

⑦ 整个实验过程中，注意节约用水、用电，爱护实验设备和室内一切财产，室内物品未经保管人员同意不得随意搬运或带出。

⑧ 结束实验后，应及时切断电源、水源或气源等，将所用仪器、器具等收拾整齐，归放至合适位置，并打扫实验室卫生。经指导老师检查合格后，方可离开实验室。

1.7.4　实验思考题

(1) 原状土的取样方法一般有几种？分别叙述它们的取样过程。

(2) 原状土试样制备有哪些注意事项？

(3) 土工试样的饱和方法有哪些？其适用条件是什么？

(4) 误差分为几类？它们各有什么特征？

(5) 将下列数字修约到指定值：

① 将下列数字修约到 5。

271.4、382.5、516.7、527.5、538.3

② 将下列数字修约到 0.2。

18.13、21.65、23.77、27.84、30.28

2 土力学基本实验

2.1 基本物理性质指标测定

2.1.1 含水率实验

土的含水率是试样在105～110 ℃温度下烘至恒重时所失去的水质量和达到恒重后干土质量的比值,用百分数表示。土的含水率是土的三个基本物理性质指标之一,它反映了土的干湿状态。含水率的变化将使土的物理力学性质发生一系列的变化,并可引起土在压缩性和稳定性上发生显著变化。因此,含水率是建筑物地基、路堤、土坝等土体工程构筑物施工质量控制中的重要指标。测定土的含水率,不仅可以揭示土的干湿状态,也可用于换算土的其他物理性质指标。含水率实验方法有多种:如烘干法、酒精燃烧法等。

烘干法:将已知质量的土样放入烘箱内,在规定温度下烘至恒重,冷却后称出干土的质量,计算土的含水率。此方法为测定含水率的室内实验标准方法。

酒精燃烧法:将无水酒精加入土样中点火燃烧,将土样烧干,使土中水分蒸发,重复燃烧数次,称出燃烧后土的质量,计算土的含水率。在野外无烘箱设备或要求快速测定含水率时,可用酒精燃烧法测定细粒土含水率。此为非标准实验方法。

2.1.1.1 烘干法

(1) 实验目的

学习使用烘干法测定土的含水率,了解土的含水情况,并为计算土的干密度、孔隙比、液塑性指数、饱和度,以及为土的其他物理力学实验提供必需的数据。

(2) 仪器设备

① 烘箱:可采用电热烘箱或温度能保持105～110 ℃的其他能源烘箱。

② 电子天平:称量200 g,分度值0.01 g。

③ 电子台秤:称量5000 g,分度值1 g。

④ 其他:干燥器、称量盒(铝盒)。

(3) 实验步骤

① 称取铝盒的质量m_0,准确至0.01 g。

② 取有代表性试样:细粒土15～30 g,砂类土50～100 g,砂砾石2～5 kg。将试样放入称量盒内,立即盖好盒盖,称取铝盒加湿土质量m_1,细粒土、砂类土称量应准确至0.01 g,砂砾石称量应准确至1 g。

③ 打开盒盖,将盒盖套在盒底下(以免丢失或拿错),将试样和盒放入烘箱,在105～110 ℃下烘到恒重。烘干时间:对黏质土,不得少于8 h;对砂类土,不得少于6 h;对有机质含量为5%～10%的土,应将烘干温度控制在65～70 ℃的恒温下烘至恒重。

④ 将烘干后的试样和盒取出，盖上盒盖，放入干燥容器内冷却至室温，称取盒加干土质量 m_2。

(4) 结果计算

① 按下式计算土的含水率，精确至0.1%。

$$w=\frac{m_1-m_2}{m_2-m_0}\times 100 \tag{2.1}$$

式中　w——含水率(%)；

m_0——称量盒(铝盒)质量(g)；

m_1——盒加湿土质量(g)；

m_2——盒加干土质量(g)。

② 本实验应进行两次平行测定，取其算术平均值，最大允许平行差值应符合表2-1的规定。

表2-1　含水率测定的最大允许平行差值

含水率 w(%)	最大允许平行差值
<10	±0.5
10～40	±1.0
>40	±2.0

(5) 实验记录

实验记录见附表4。

(6) 注意事项

① 含水率实验应在打开土样包装后立即进行，以免水分改变，影响结果。

② 使用称量盒前，应检查盒盖与盒底号码是否一致，发现不一致时应另换相符者进行称重。

③ 含有机质的土在105～110 ℃下经长时间烘干后，有机质特别是腐殖酸会在烘干过程中因逐渐分解而不断损失，使测得的含水率比实际的含水率大，土中有机质含量越高，误差就越大。故本实验适用于有机质含量不大于干质量5%的土，当土中有机质含量为5%～10%时，仍允许采用本方法进行实验，但应将烘干温度控制在65～70 ℃，并应注明有机质含量，以作参考。

④ 烘干的试样应先在干燥器内冷却至室温再称量，一是避免因天平受热不均影响称量精度，二是防止热土吸收空气中的水分。

2.1.1.2　酒精燃烧法

(1) 实验目的

学习快速测定含水率方法，为控制施工质量提供必需的数据。

(2) 仪器设备

① 电子天平：称量200 g，分度值0.01 g。

② 酒精：纯度不得小于95%。

③ 其他：称量盒（铝盒）、滴管、火柴、调土刀。

（3）实验步骤

① 称取铝盒的质量 m_0，准确至 0.01 g。

② 取代表性试样：黏土 5～10 g，砂土 20～30 g。将试样放入称量盒内，按 2.1.1.1 节第（3）项第②款的规定称取铝盒加湿土质量 m_1。

③ 用滴管将酒精注入放有试样的称量盒中，直到盒中出现自由液面为止。为使酒精在试样中充分混合均匀，可将盒底在桌面上轻轻敲击。

④ 点燃盒中酒精，烧至火焰熄灭。

⑤ 将试样冷却数分钟，应按本节第（3）项第③款、第④款的规定再重复燃烧两次。当第三次火焰熄灭后，立即盖好盒盖，称取盒加干土质量 m_2。

⑥ 本实验称量应准确至 0.01 g。

（4）结果计算

① 按式（2.1）计算土的含水率。

② 本实验应进行两次平行测定，最大允许平行差值应符合表 2-1 的规定。

（5）实验记录

实验记录同附表 4。

（6）注意事项

① 为控制酒精用量，称取的黏土试样质量应为 5～10 g。

② 酒精燃烧法测得的结果准确度不高，可以参考烘干法的规定酌情采用。

2.1.2 密度实验

土的密度是指单位体积内土的质量，是土的三大基本物理性质指标之一。土的密度反映了土体结构的疏密程度，常用于土的其他物理性质指标换算，且地基承载力计算、地基变形计算、土压力计算、土坡稳定分析等都离不开这一指标。

测定土密度的方法有环刀法、蜡封法、灌水法和灌砂法等。灌水法、灌砂法适用于现场测定粗粒土的密度，本实验只介绍环刀法和蜡封法。

2.1.2.1 环刀法

环刀法就是采用一定体积的环刀切取土样并称取土质量的方法，环刀内土的质量与环刀体积之比即为土的密度。环刀法是室内实验常用的方法，适用于易切削且不易破碎的细粒土。

（1）实验目的

① 掌握用环刀法测定土的密度的原理和操作程序。

② 通过测定土的密度，了解土的疏密和干湿状态，为计算土的其他物理性质指标和工程设计以及控制施工质量提供必需的数据。

（2）仪器设备

① 环刀：尺寸参数应符合现行国家标准 GB/T 15406《岩土工程仪器基本参数及通用技术条件》及 SL 370《土工实验仪器——环刀》的规定。常用环刀尺寸：内径 61.8 mm（或 79.8 mm），高度 20 mm。

② 天平:称量 500 g,分度值 0.1 g;称量 200 g,分度值 0.01 g。

(3) 实验步骤

① 在天平上称取环刀质量 m_1,准确至 0.1 g。

② 按工程需要取原状土试样或制备所需状态的扰动土试样,整平其两端,在环刀内壁涂一薄层凡士林,刃口向下,放在试样上。

③ 用切土刀(或钢丝锯)将土样削成略大于环刀直径的土柱。然后将环刀垂直下压,边压边削,至土样伸出环刀为止。

④ 用切土刀整平环刀两端土样,使其与环刀口面齐平。立即用玻璃片盖住环刀上下两端,以免水分蒸发。

⑤ 擦净环刀外壁,取下玻璃片,称取环刀加土的质量 m_2,准确至 0.1 g。

(4) 结果计算

① 分别按式(2.2)、式(2.3)计算土样的湿密度和干密度,精确至 0.01 g/cm^3。

$$\rho=\frac{m_2-m_1}{V} \tag{2.2}$$

$$\rho_d=\frac{\rho}{1+0.01w} \tag{2.3}$$

式中 ρ——湿密度(g/cm^3);

m_2——环刀加湿土质量(g);

m_1——环刀质量(g);

V——环刀容积(cm^3);

ρ_d——干密度(g/cm^3);

w——含水率(%),代入计算时要去掉百分号,如含水率为 36.2%,取 36.2 代入。

② 本实验应进行两次平行测定,两次测定的差值不得大于 0.03 g/cm^3,取两次结果的平均值。

(5) 实验记录

实验记录见附表 5。

(6) 注意事项

① 用环刀切取试样时,应垂直均匀下压,以防环刀内试样的结构被扰动。

② 用环刀将土样切取整平后,在称量前应在环刀上下两端盖上玻璃片,以防水分损失。

③ 当平行实验差值超过允许范围时(±0.03 g/cm^3),需核实所取试样的代表性,如有异常,则重新进行测定;如无异常,则应分别列出两次测定结果,以备选用。

2.1.2.2 蜡封法

试样易碎裂或难以切削时,可用蜡封法测定其密度。

(1) 实验目的

① 掌握用蜡封法测定土的密度的原理和操作程序。

② 通过测定土的密度,了解土的疏密和干湿状态,为计算土的其他物理性质指标、工程设计以及控制施工质量提供必需的数据。

（2）仪器设备

① 蜡封设备：应附熔蜡加热器。

② 天平：称量 500 g，分度值 0.1 g；称量 200 g，分度值 0.01 g。

（3）实验步骤

① 切取约 30 cm^2 的试样。削去松浮表土及尖锐棱角后，系于细线上称取试样质量 m_0，准确至 0.01 g。取代表性试样，测定其含水率。

② 持线将试样徐徐浸入刚过熔点的蜡中，待全部沉浸后，立即将试样提出。检查涂在试样四周的蜡中有无气泡存在。当有气泡时，应用热针刺破，并涂平孔口。冷却后称取蜡封试样质量 m_n，准确至 0.1 g。

③ 用线将试样吊在天平一端（图 2-1），并使试样浸没于纯水中，称取蜡封试样在纯水中的质量 m_{nw}，准确至 0.1 g。测记纯水的温度。

④ 取出试样，擦干蜡表面的水分，用天平称量蜡封试样，准确至 0.1 g。当试样质量增加时，应另取试样重做实验。

（4）结果计算

分别按式(2.4)、式(2.3)计算土样的湿密度和干密度，精确至 0.01 g/cm^3。

$$\rho=\frac{m_0}{\dfrac{m_n-m_{nw}}{\rho_{wT}}-\dfrac{m_n-m_0}{\rho_n}} \tag{2.4}$$

式中 ρ——湿密度(g/cm^3)；

m_0——试样质量(g)；

m_n——试样加蜡质量(g)；

m_{nw}——试样加蜡在水中质量(g)；

ρ_{wT}——纯水在 T ℃时的密度(g/cm^3)；

ρ_n——蜡的密度(g/cm^3)，一般取 0.92 g/cm^3。

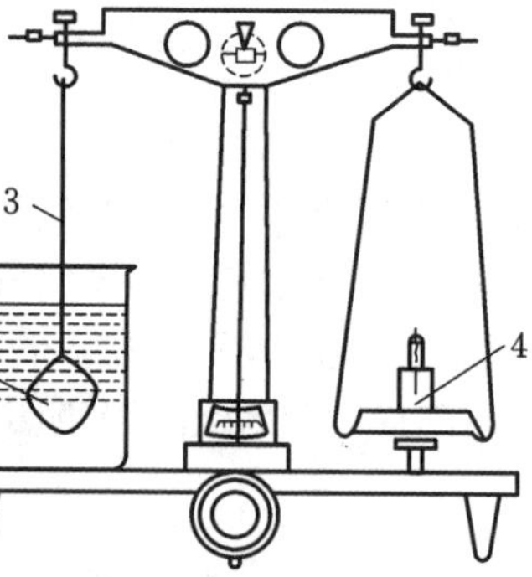

图 2-1 天平

1—盛水杯；2—蜡封试样；3—细线；4—砝码

（5）实验记录

实验记录见附表 6。

(6) 注意事项

① 土样浸入熔化的蜡中密封时,如果蜡的温度过高,对土样的含水率和结构都会造成一定的影响;而温度太低,会使蜡熔化得不均匀,不易封好蜡皮。所以,蜡的温度控制到刚过熔点最好。

② 封蜡时为避免易碎裂土样的扰动和有气泡封闭在土与蜡中间,应将土样一次性徐徐沉浸在蜡中。

③ 蜡封试样在水中的质量与水的密度有关,水的密度随温度变化而变化,实验中测定水温的目的是为了消除因水的密度变化而产生的影响。

2.1.3 比重实验

土粒比重是在105~110 ℃下烘至恒重时,土粒质量与同体积4 ℃时纯水质量的比值(土粒比重无量纲)。土粒比重是土的三大物理性质指标之一,不仅可用于换算土的其他物理性质指标,也可用于土的粒度成分实验分析(比重计法实验)、土体类别评价等。

2.1.3.1 一般规定

比重实验方法有比重瓶法、浮称法和虹吸筒法等,应按照土粒粒径分别选用测定方法。

(1) 粒径小于5 mm的土,用比重瓶法测定。

(2) 粒径不小于5 mm的土,且其中粒径大于20 mm的颗粒含量小于10%时,用浮称法测定。

(3) 粒径大于20 mm的颗粒含量不小于10%时,用虹吸筒法测定。

(4) 一般土粒的比重应用纯水测定,对含有易溶盐、亲水性胶体或有机质的土,须用中性液体(如煤油)替代纯水测定。

2.1.3.2 实验目的

测定土粒比重,可为计算土的孔隙比、饱和度,以及为土的其他物理力学实验(如颗粒分析的密度计法实验、固结实验等)提供必需的参数。

2.1.3.3 实验方法

1) 比重瓶法

(1)仪器设备

① 比重瓶(图2-2):容量100 mL或50 mL,分长颈和短颈两种。

② 天平:称量200 g,分度值0.001 g。

③ 恒温水槽:最大允许误差应为±1 ℃。

④ 沙浴:应能调节温度。

⑤ 真空抽气设备:真空度−98 kPa。

⑥ 温度计:测量范围0~50 ℃,分度值0.5 ℃。

⑦ 筛:孔径5 mm。

⑧ 其他:烘箱、纯水、中性液体、漏斗、滴管。

图2-2 比重瓶

(2) 比重瓶的校准

① 将比重瓶洗净、烘干，称量两次，准确至 0.001 g。取其算术平均值，其最大允许平行差值为±0.002 g。

② 将煮沸并冷却至室温的纯水注入比重瓶。对长颈比重瓶，达到刻度为止；对短颈比重瓶，注满水后塞紧瓶塞，多余水自瓶塞毛细管中溢出。将比重瓶移入恒温水槽，待瓶内水温稳定后，将瓶取出，擦干外壁的水，称取瓶、水总质量，准确至 0.001 g。测定两次，取其算术平均值，其最大允许平行差值应为±0.002 g。

③ 将恒温水槽水温以 5 ℃级差调节，逐级测定不同温度下的瓶、水总质量。

④ 以瓶、水总质量为横坐标，温度为纵坐标，绘制瓶、水总质量与温度的关系曲线。

（3）实验步骤

① 将比重瓶烘干。当使用 100 mL 比重瓶时，应称取粒径小于 5 mm 的烘干土 15 g 装入；当使用 50 mL 比重瓶时，应称取粒径小于 5 mm 的烘干土 12 g 装入。

② 可采用煮沸法或真空抽气法排除土中的空气。向已装有干土的比重瓶注入纯水至瓶的一半处，摇动比重瓶，将瓶放在沙浴中煮沸。煮沸时间：砂土，自悬液沸腾起不得少于 30 min；细粒土，自悬液沸腾起不得少于 1 h。煮沸时应注意不使土液溢出瓶外。

③ 将纯水注入比重瓶，当采用长颈比重瓶时，注水至略低于瓶的刻度处；当采用短颈比重瓶时，应注水至近满，有恒温水槽时，可将比重瓶放于恒温水槽内，直至瓶内悬液温度稳定且瓶上部悬液澄清。

④ 当采用长颈比重瓶时，用滴管调整液面恰至刻度处，以弯液面下缘为准，擦干瓶外及瓶内壁刻度以上部分的水，称取瓶、水、土总质量；当采用短颈比重瓶时，塞好瓶塞，使多余水分自瓶塞毛细管中溢出，将瓶外水分擦干，称取瓶、水、土总质量。称量后应测定瓶内水的温度。

⑤ 根据测得的温度，从已绘制的温度与瓶、水总质量关系曲线中查得瓶、水总质量。

⑥ 若土粒中含有易溶盐、亲水性胶体或有机质，测定其土粒比重时应用中性液体代替纯水，用真空抽气法代替煮沸法，排除土中空气。抽气时真空度应接近一个大气负压值（−98 kPa），抽气时间可为 1～2 h，直到悬液内无气泡逸出时为止。其余步骤应按本条第③款至第⑤款的规定进行。

⑦ 本实验称量应准确至 0.001 g，温度应准确至 0.5 ℃。

（4）结果计算

① 用纯水测定土粒比重时，按下式计算：

$$G_s=\frac{m_d}{m_{bw}+m_d-m_{bws}}G_{wT} \tag{2.5}$$

式中 G_s——土粒比重；

m_d——干土质量(g)；

m_{bw}——比重瓶、水总质量(g)；

m_{bws}——比重瓶、水、土总质量(g)；

G_{wT}——T ℃时纯水的比重(表 2-2)，准确至 0.001。

表 2-2　T ℃时纯水的比重 G_{wT}

温度(℃)	纯水的比重	温度(℃)	纯水的比重	温度(℃)	纯水的比重
4.0	1.0000	15.0	0.9991	26.0	0.9968
5.0	1.0000	16.0	0.9989	27.0	0.9965
6.0	0.9999	17.0	0.9988	28.0	0.9962
7.0	0.9999	18.0	0.9986	29.0	0.9959
8.0	0.9999	19.0	0.9984	30.0	0.9957
9.0	0.9998	20.0	0.9982	31.0	0.9953
10.0	0.9997	21.0	0.9980	32.0	0.9950
11.0	0.9996	22.0	0.9978	33.0	0.9947
12.0	0.9995	23.0	0.9975	34.0	0.9944
13.0	0.9994	24.0	0.9973	35.0	0.9940
14.0	0.9992	25.0	0.9970	36.0	0.9937

② 用中性液体测定土粒比重时，按下式计算：

$$G_s=\frac{m_d}{m_{bk}+m_d-m_{bks}}G_{kT} \tag{2.6}$$

式中　m_d——干土质量(g)；

m_{bk}——比重瓶、中性液体总质量(g)；

m_{bks}——比重瓶、中性液体、干土总质量(g)；

G_{kT}——T ℃ 时中性液体的比重(实测得到)，准确至 0.001。

本实验应进行两次平行测定，实验结果取其算术平均值，其最大允许平行差值应为±0.02。

(5) 实验记录

实验记录见附表 7。

(6) 注意事项

① 一般土粒的比重实验用水为纯水，对于含有易溶盐、亲水性胶体或有机质的土，须用中性液体代替纯水。这是因为含有机质、水溶盐、亲水性胶体的土与水相互作用时，使靠近土粒表面的水密度大，使一定容积内的瓶、水、土总质量增大，比重值亦相应增大。对含水溶盐的土，则由于盐类部分或全部溶于水中，同样会使瓶、水、土总质量增大，也会使比重值增大。关于中性液体，目前多采用煤油，也有采用苯或酒精的。

② 排除土内气体多以煮沸法为主，此方法简单易行，效果好。如需用中性液体时，则采用真空抽气法。砂土煮沸时砂粒容易跳出，亦允许用真空抽气法代替煮沸法。

③ 比重实验沸煮时既要防止土样随液体溅出，也要防止土样被蒸发干。

2) 浮称法

(1)仪器设备

① 铁丝筐：孔径小于 5 mm，直径为 10～15 cm，高为 10～20 cm。

② 盛水容器：适合铁丝筐沉入。

③ 浮称天平或秤：称量 2 kg，分度值 0.2 g；称量 10 kg，分度值 1 g。

④ 筛：孔径为 5 mm、20 mm。

⑤ 其他：烘箱、温度计。

(2)实验步骤

① 取粒径不小于 5 mm，且其中粒径大于 20 mm 的颗粒含量小于 10%的代表性试样 500～1000 g，当采用秤称量时，称取 1～2 kg。

② 冲洗试样，直至颗粒表面无尘土和其他污物。

③ 将试样浸入水中 24 h 后取出，放在湿毛巾上擦干表面，即为饱和面干试样。称取饱和面干试样质量后，立即放入铁丝筐，缓缓浸没于水中，并在水中摇晃，直至无气泡逸出为止。

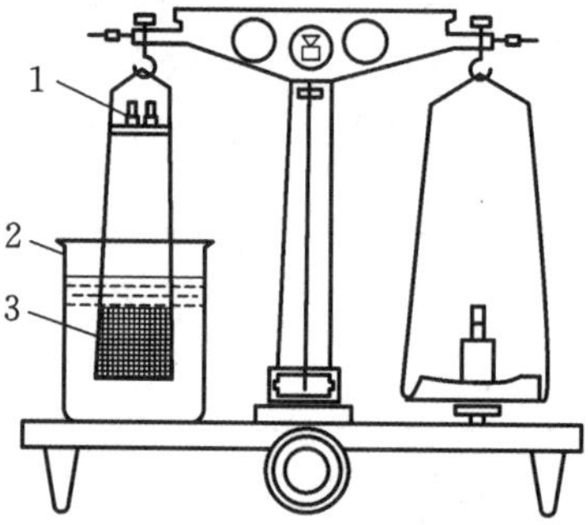

图 2-3　浮称天平

1—调天平平衡砝码盘；2—盛水容器；3—盛粗粒土的铁丝筐

④ 称取铁丝筐和试样在水中的总质量，见图 2-3。

⑤ 取出试样烘干、称量。

⑥ 称取铁丝筐在水中的质量，并测量容器内水的温度，准确至 0.5 ℃。

⑦ 本实验称量应准确至 0.2 g。

(3) 结果计算

① 土粒比重按下式计算：

$$G_s=\frac{m_d}{m_d-(m_{ks}-m_k)}G_{wT} \tag{2.7}$$

式中　m_d——烘干土的质量(g)；

m_{ks}——试样加铁丝筐在水中的总质量(g)；

m_k——铁丝筐在水中的质量(g)；

G_{wT}——T ℃时纯水的比重(表 2-2)，准确至 0.001。

② 本实验应进行两次平行测定，两次测定最大允许平行差值应为±0.02，实验结果取其算术平均值。

(4) 实验记录

实验记录见附表 8。

(5) 注意事项

天然土常为粗、细颗粒混合而成，对这类土的比重应区别情况进行测定，以不影响准确度为原则。当其中粒径大于 5 mm 的粗粒含量较少时，可直接用比重瓶法一次测定。也允许将少量粒径大于 5 mm 的颗粒打碎拌和均匀后取样(将颗粒打碎有助于排除孔隙里的空气)。当粒径大于 5 mm 的粗粒含量较多时，可根据实际情况分别用浮称法(或虹吸筒法)和比重瓶法测定，然后再求其加权平均值。

3) 虹吸筒法

(1)仪器设备

① 虹吸筒(图 2-4)。

② 台秤：称量 10 kg，分度值 1 g。

③ 量筒：容量大于 2000 mL。

④ 筛：孔径 5 mm、20 mm。

⑤ 其他：烘箱、温度计、搅拌棒。

(2) 实验步骤

① 取粒径不小于 5 mm，且其中粒径不小于 20 mm 的颗粒含量大于 10%的代表性试样 1000～7000 g。

② 将试样冲洗干净，直至颗粒表面无尘土和其他污物。

③ 再将试样浸入水中 24 h 后取出，晾干(或用布擦干)其表面水分并称重。

④ 将清水注入虹吸筒，至管口有水溢出时停止注水。待管口不再有水流出后，关闭管夹，将试样缓缓放入筒中，边放边使用搅拌棒搅拌，直至无气泡逸出为止，搅动时勿使水溅出筒外。

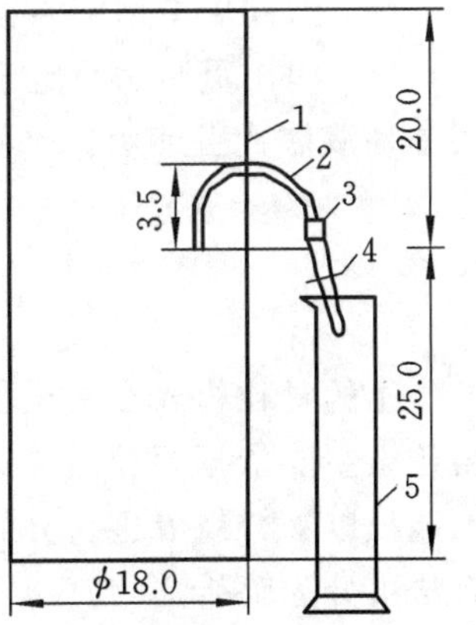

图 2-4　虹吸筒(单位：cm)

1—虹吸筒；2—虹吸管；3—橡皮管；4—管夹；5—量筒

⑤ 待虹吸筒中水面平稳后，打开管夹，让试样排开的水通过虹吸管流入量筒中。

⑥ 称取量筒与水总质量。测量筒内水的温度，准确至 0.5 ℃。

⑦ 取出虹吸筒内试样，烘干、称量。

⑧ 本实验称量应准确至 1 g。

(3) 结果计算

① 土粒比重按下式计算：

$$G_s = \frac{m_d}{(m_{cw} - m_c) - (m_{ad} - m_d)} G_{wT} \tag{2.8}$$

式中　m_d——烘干土的质量(g)；

m_{cw}——量筒加排开水总质量(g)；

m_c——量筒质量(g)；

m_{ad}——晾干土质量(g)；

G_{wT}——T ℃时纯水的比重(表 2-2)，准确至 0.001。

② 本实验应进行两次平行测定(两次测定的最大允许平行差值应为±0.02)，取其算术平均值。

(4) 实验记录

实验记录见附表 9。

(5) 注意事项

虹吸筒法对粗粒土体积测量得不准确，结果不稳定，测得的比重值一般偏小。因此，当粒径大于 5 mm 的粗粒含量较多时，可根据实际情况分别用浮称法(或虹吸筒法)和比重瓶法测定比重，然后再求其加权平均值。

2.1.4　实验思考题

(1) 土的三相比例指标有哪些？哪些可以直接测定？哪些需经过换算求得？

(2) 土粒比重和土粒密度有什么区别？

(3) 土样烘干后能否立即称重?为什么?

(4) 用比重瓶法测定土粒比重,当土粒中含有易溶盐、亲水性胶体或有机质时,为什么用中性液体代替纯水?

2.2 颗粒分析实验

土的颗粒组成在一定程度上反映了土的性质,工程上常依据颗粒组成对土进行分类。粗粒土主要依据颗粒组成进行分类,细粒土由于矿物成分、颗粒形状及胶体含量等因素,则不能仅以颗粒组成进行分类,而要借助塑性图或塑性指数及液限进行分类。颗粒分析实验方法可分为筛析法、密度计法和移液管法。对于粒径大于 0.075 mm 的土粒可用筛析法测定,而对于粒径小于 0.075 mm 的土粒则用密度计法或移液管法来测定。当土中颗粒粗细兼有时,应联合使用筛析法和密度计法或筛析法和移液管法。本节主要介绍常用的筛析法和密度计法。

2.2.1 筛析法

筛析法是利用一套孔径不同的标准筛来分离一定量的无黏性土中与筛孔相应的粒组,而后进行称量,计算各粒组的百分含量,确定粗粒土的粒度成分。筛析法适用于粒径小于或等于 60 mm,或大于 0.075 mm 的土。

1) 实验目的

测定干土各粒组占该土总质量的百分数,以便了解土粒的组成情况。根据土的颗粒组成进行土的分类,初步判断土的工程性质。

2) 仪器设备

(1) 符合现行国家标准的实验筛。

① 粗筛:孔径为 60 mm、40 mm、20 mm、10 mm、5 mm、2 mm。

② 细筛:孔径为 2.0 mm、1.0 mm、0.5 mm、0.25 mm、0.1 mm、0.075 mm。

(2) 天平:称量 1000 g,分度值 0.1 g;称量 200 g,分度值 0.01 g。

(3) 台秤:称量 5 kg,分度值 1 g。

(4) 振筛机:应符合现行行业标准《实验室用标准筛振荡机技术条件》的规定。

(5) 其他:烘箱、量筒、漏斗、瓷杯、附带橡皮头研杵的研钵、瓷盘、毛刷、匙、木碾。

3) 实验步骤

(1) 从风干、松散的土样中,用四分法按下列规定取出代表性试样:

① 粒径小于 2 mm 的土取 100~300 g;

② 最大粒径小于 10 mm 的土取 300~1000 g;

③ 最大粒径小于 20 mm 的土取 1000~2000 g;

④ 最大粒径小于 40 mm 的土取 2000~4000 g;

⑤ 最大粒径小于 60 mm 的土取 4000 g 以上。

(2) 砂砾土筛析法应按下列步骤进行:

① 按步骤(1)规定的数量取出试样,称量应准确至 0.1 g;当试样质量大于 500 g 时,应

准确至 1 g。

② 将试样过 2 mm 细筛，分别称出筛上和筛下土质量。

③ 若 2 mm 筛下的土小于试样总质量的 10%，则可省略细筛筛析。若 2 mm 筛上的土小于试样总质量的 10%，则可省略粗筛筛析。

④ 取 2 mm 筛上试样倒入依次叠好的粗筛的最上层筛中；取 2 mm 筛下试样倒入依次叠好的细筛的最上层筛中，进行筛析。细筛宜放在振筛机上振摇，振摇时间应为 10～15 min。

⑤ 由最大孔径筛开始，按顺序将各筛取下，在白纸上用手轻叩摇晃筛，当仍有土粒漏下时，应继续轻叩摇晃筛，直至无土粒漏下为止。漏下的土粒应全部放入下级筛内，并将留在各筛上的试样分别称量，当试样质量小于 500 g 时，准确至 0.1 g。

⑥ 筛前试样总质量与筛后各级筛上和筛底试样质量总和的差值不得大于试样总质量的 1%。

(3) 含有黏土粒的砂砾土应按下列步骤进行：

① 将土样放在橡皮板上用土碾将黏结的土团充分碾散，用四分法取样，取样时应按步骤(1)的规定称取代表性试样，并置于盛有清水的瓷盆中，用搅棒搅拌，使试样充分浸润后和粗、细颗粒分离。

② 将浸润后的混合液过 2 mm 细筛，边搅拌边冲洗边过筛，直到筛上仅留粒径大于 2 mm的土粒为止。然后将筛上的土烘干称量，准确至 0.1 g。然后按步骤(2)中第③、④款规定进行粗筛筛析。

③ 用带橡皮头的研杵研磨粒径小于 2 mm 的混合液，待稍沉淀后，将上部悬液过 0.075 mm筛。再向瓷盆加入清水研磨，静置过筛。如此反复，直至盆内悬液澄清。最后将全部土料倒在 0.075 mm 筛上，用水冲洗，直到筛上仅留粒径大于 0.075 mm 的净砂为止。

④ 将粒径大于 0.075 mm 的净砂烘干称量，准确至 0.01 g。然后按步骤(2)中第③、④款规定进行细筛筛析。

⑤ 将粒径大于 2 mm 的土和粒径为 2～0.075 mm 的土的质量从原取土总质量中减去，即得粒径小于 0.075 mm 的土的质量。

⑥ 当粒径小于 0.075 mm 的试样质量大于总质量的 10%时，应按密度计法或移液管法测定粒径小于 0.075 mm 的颗粒组成。

4) 结果计算

(1) 小于某粒径的试样质量占试样总质量的百分数按下式计算：

$$X=\frac{m_A}{m_B}d_x \tag{2.9}$$

式中　X——小于某粒径的试样质量占试样总质量的百分数(%)；

m_A——小于某粒径的试样质量(g)；

m_B——当用细筛分析时或用密度计法分析时所取试样质量(粗筛分析时则为试样总质量，g)；

d_x——粒径小于 2 mm 或粒径小于 0.075 mm 的试样质量占总质量的百分数(%)。

(2) 以小于某粒径的试样质量占试样总质量的百分数为纵坐标，以颗粒粒径为横坐标，在单对数坐标上绘制颗粒大小分布曲线。

(3) 不均匀系数按下式计算：

$$C_u=\frac{d_{60}}{d_{10}} \tag{2.10}$$

式中 C_u——不均匀系数；

d_{60}——限制粒径(mm)，在粒径分布曲线上小于该粒径的土含量占总土质量的60%的粒径；

d_{10}——有效粒径(mm)，在粒径分布曲线上小于该粒径的土含量占总土质量的10%的粒径。

(4) 曲率系数按下式计算：

$$C_c=\frac{d_{30}^2}{d_{60}d_{10}} \tag{2.11}$$

式中 C_c——曲率系数；

d_{30}——在粒径分布曲线上小于该粒径的土含量占总土质量的30%的粒径(mm)。

5) 实验记录

实验记录见附表10。

6) 注意事项

(1) 筛析法实验在选用分析筛的孔径时，可根据试样颗粒的粗细情况灵活选用。

(2) 当粒径大于0.075 mm的颗粒超过试样总质量的10%时，应先进行筛析法实验，经过洗筛后过0.075 mm筛，再用密度计法或移液管法进行实验。

(3) 鉴于土样中粗颗粒的含量(以质量计)一般与颗粒的大小有关，因而以最大颗粒粒径为标准来确定试样的用量，比较直观且易于掌握。

2.2.2 密度计法

用密度计来分析颗粒粒径大小的分布时，主要的依据是斯托克斯(STOKES)定律。将定量的土样与水混合后注入量筒中，使悬液体积达1000 mL。悬液经过搅拌，大小颗粒均匀地分布于水中，因此悬液的浓度上下一致。然而颗粒粒径相同的土粒依照斯托克斯定律将以等速 v 下降。经过时间 t 后所有粒径为 d 的颗粒下降的距离为 $L=vt$，因此所有粒径大于 d 的颗粒已经下降到 L 平面以下，L 平面以上则仅有粒径小于 d 的颗粒。靠近 L 平面上取一单位体积观察，则该部分悬液中粒径小于或等于 d 的颗粒分布情况和实验开始时完全一样。其中一部分降到 L 平面以下，但在同一时间内又有一部分从上面降下来。因此，将量得的 L 深度处悬液的密度与原来悬液的密度相比较，即可求出粒径小于 d 的颗粒的百分数。密度计在颗粒分析实验中有两个作用：一是测量悬液的密度；二是测量土粒沉降的距离。

1) 实验目的

测定粒径小于0.075 mm的各粒组占该土总质量的百分数。

2) 仪器设备

(1) 密度计分为甲种和乙种。

① 甲种：刻度单位以20 ℃时每1000 mL悬液内所含土质量的克数表示，刻度为－5～

50,分度值为 0.5。

② 乙种:刻度单位以 20 ℃时悬液的比重表示,刻度为 0.995～1.020,分度值为 0.0002。

(2) 量筒:高约 45 cm,直径约 6 cm,容积 1000 mL。刻度为 0～1000 mL,分度值为 10 mL。

(3) 实验筛:

① 细筛:孔径 2 mm、1 mm、0.5 mm、0.25 mm、0.15 mm。

② 洗筛:孔径 0.075 mm。

(4) 天平:称量 200 g,分度值 0.01 g。

(5) 温度计:刻度 0～50 ℃,分度值 0.5 ℃。

(6) 洗筛漏斗:直径略大于洗筛直径,使洗筛恰好套入漏斗中。

(7) 搅拌器:轮径 50 mm,孔径约 3 mm,杆长约 400 mm,带旋转叶。

(8) 煮沸设备:附冷凝管。

(9) 其他:秒表、锥形瓶、研钵、木杵、电导率仪。

(10) 分散剂可选择体积分数为 4%的六偏磷酸钠,6%的过氧化氢,1%的硅酸钠。

(11) 水溶盐检验试剂:10%盐酸,5%氯化钡,10%硝酸,5%硝酸银。

3) 实验步骤

(1) 实验宜采用风干土试样,并按下式计算试样干质量为 30 g 时所需的风干土质量:

$$m_0 = m_d(1+0.01w_0) \tag{2.12}$$

式中 w_0——风干土含水率(%)。

(2) 试样中易溶盐含量大于总质量的 0.5%时,应洗盐。易溶盐含量检验可用电导法或目测法。

① 电导法:应按电导率仪使用说明书操作,测定温度 T ℃时试样溶液(土水比 1∶5)的电导率,20 ℃时的电导率按下式计算。

$$K_{20} = \frac{K_T}{1+0.02(T-20)} \tag{2.13}$$

式中 K_{20}——20 ℃时悬液的电导率(μS/cm);

K_T——T ℃时悬液的电导率(μS/cm);

T——测定时悬液的温度(℃)。

当 $K_{20}>1000$ μS/cm 时,应洗盐。

② 目测法:应取风干试样 3 g 置于烧杯中,加适量纯水调成糊状研散,再加纯水 25 mL 煮沸 10 min,冷却后移入试管中,放置过夜。观察试管,当出现凝聚现象时应洗盐。

(3) 洗盐应按下列步骤进行:

① 将分析用的试样放入调土杯内,注入少量蒸馏水,拌和均匀。迅速倒入贴有滤纸的漏斗中,并注入蒸馏水冲洗过滤。将附在调土杯上的土粒全部洗入漏斗。发现滤液浑浊时,应重新过滤。

② 应使漏斗内的液面保持高出土面约 5 cm。每次加水后,应用表面皿盖住漏斗。

③ 检查易溶盐清洗程度,可用 2 个试管各取刚滤下的滤液 3～5 mL,一管加入 3～5 滴 10%盐酸和 5%氯化钡,另一管加入 3～5 滴 10%硝酸和 5%硝酸银。当发现管中有白色沉

淀时，说明试样中的易溶盐未洗净，应继续清洗，直到检查时试管中均不再发现白色沉淀为止。

④ 洗盐后将漏斗中的土样仔细洗去，风干试样。

(4) 称干质量为 30 g 的风干试样，倒入锥形瓶中(勿使土粒丢失)。注入水 200 mL，浸泡约 12 h。

(5) 将锥形瓶放在煮沸设备上，连接冷凝管进行煮沸，煮沸时间约为 1 h。

(6) 将冷却后的悬液倒入瓷杯中，静置约 1 min，将上部悬液倒入量筒。杯底沉淀物用带橡皮头的研杵细心研散，加水并搅拌，静置约 1 min，再将上部悬液倒入量筒。如此反复操作，直到杯内悬液澄清为止。当土中粒径大于 0.075 mm 的颗粒大致超过试样总质量的15%时，应将其全部倒至 0.075 mm 筛上冲洗，直到筛上仅留粒径大于 0.075 mm 的颗粒为止。

(7) 将留在洗筛上的颗粒洗入蒸发皿内，倾去上部清水，烘干称量，应按第 2.2.1 节第3)项第(2)款的规定进行细筛筛析。

(8) 将过筛悬液倒入量筒，加入体积分数 4%的六偏磷酸钠约 10 mL 于量筒溶液中，再注入纯水，使筒内悬液达 1000 mL。当加入六偏磷酸钠后土样产生凝聚时，应选用其他分散剂。

(9) 用搅拌器在量筒内沿整个悬液深度上下搅拌约 1 min，往复各约 30 次，搅拌时勿使悬液溅出筒外，使悬液内土粒均匀分布。

(10) 取出搅拌器，将密度计放入悬液中，同时启动秒表。可测经过 0.5 min、1 min、2 min、5 min、15 min、30 min、60 min、120 min、180 min 和 1440 min 的密度计读数。

(11) 每次读数均应在预定时间前 10～20 s 将密度计小心地放入悬液接近读数的深度，并应将密度计浮泡保持在量筒中部位置，不得贴近筒壁。

(12) 密度计读数均以弯液面上缘为准。甲种密度计应准确至 0.5，乙种密度计应准确至 0.0002。每次读数完毕后立即取出密度计放入盛有纯水的量筒中，并测定各相应的悬液温度，准确至 0.5 ℃。放入或取出密度计时，应尽量减少悬液的扰动。

(13) 若试样在分析前未过 0.075 mm 洗筛，在读取密度计第 1 个读数时，若发现下沉的土粒已超过试样总质量的 15%，则应于实验结束后将量筒中土粒过 0.075 mm 筛，应按步骤(7)的操作进行筛析，并应计算各级颗粒占试样总质量的百分比。

4) 结果计算

(1) 小于某粒径的试样质量占试样总质量的百分数分别按式(2.14)、式(2.16)计算：

① 甲种密度计

$$X=\frac{100}{m_d}C_s(R_1+m_T+n_w-C_D) \tag{2.14}$$

$$C_s=\frac{\rho_s}{\rho_s-\rho_{w20}}\times\frac{2.65-\rho_{w20}}{2.65} \tag{2.15}$$

式中 C_s——土粒比重校正值，按式(2.15)进行计算，也可按表 2-3 执行；

R_1——甲种密度计读数；

m_T——温度校正值，可按表 2-4 执行；

n_w——弯液面校正值；

C_D——分散剂校正值；

ρ_s——土粒密度(g/cm^3)；

ρ_{w20}——20 ℃ 时水的密度(g/cm^3)。

表 2-3 土粒比重校正值

土粒比重	甲种土壤密度计比重校正值 C_s	乙种土壤密度计比重校正值 C_s'	土粒比重	甲种土壤密度计比重校正值 C_s	乙种土壤密度计比重校正值 C_s'
2.50	1.038	1.666	2.70	0.989	1.588
2.52	1.032	1.658	2.72	0.985	1.581
2.54	1.027	1.649	2.74	0.981	1.575
2.56	1.022	1.641	2.76	0.977	1.568
2.58	1.017	1.632	2.78	0.973	1.562
2.60	1.012	1.625	2.80	0.969	1.556
2.62	1.007	1.617	2.82	0.965	1.549
2.64	1.002	1.609	2.84	0.961	1.543
2.66	0.998	1.603	2.86	0.958	1.538
2.68	0.993	1.595	2.88	0.954	1.532

表 2-4 温度校正值

悬液温度(℃)	甲种密度计温度校正值 m_T	乙种密度计温度校正值 m_T'	悬液温度(℃)	甲种密度计温度校正值 m_T	乙种密度计温度校正值 m_T'
10.0	−2.0	−0.0012	20.5	+0.1	+0.0001
10.5	−1.9	−0.0012	21.0	+0.3	+0.0002
11.0	−1.9	−0.0012	21.5	+0.5	+0.0003
11.5	−1.8	−0.0011	22.0	+0.6	+0.0004
12.0	−1.8	−0.0011	22.5	+0.8	+0.0005
12.5	−1.7	−0.0010	23.0	+0.9	+0.0006
13.0	−1.6	−0.0010	23.5	+1.1	+0.0007
13.5	−1.5	−0.0009	24.0	+1.3	+0.0008
14.0	−1.4	−0.0009	24.5	+1.5	+0.0009
14.5	−1.3	−0.0008	25.0	+1.7	+0.0010
15.0	−1.2	−0.0008	25.5	+1.9	+0.0011
15.5	−1.1	−0.0007	26.0	+2.1	+0.0013

续表2-4

悬液温度(℃)	甲种密度计温度校正值 m_T	乙种密度计温度校正值 m'_T	悬液温度(℃)	甲种密度计温度校正值 m_T	乙种密度计温度校正值 m'_T
16.0	−1.0	−0.0006	26.5	+2.2	+0.0014
16.5	−0.9	−0.0006	27.0	+2.5	+0.0015
17.0	−0.8	−0.0005	27.5	+2.6	+0.0016
17.5	−0.7	−0.0004	28.0	+2.9	+0.0018
18.0	−0.5	−0.0003	28.5	+3.1	+0.0019
18.5	−0.4	−0.0003	29.0	+3.3	+0.0021
19.0	−0.3	−0.0002	29.5	+3.5	+0.0022
19.5	−0.1	−0.0001	30.0	+3.7	+0.0023
20.0	0.0	0.0000			

② 乙种密度计

$$X=\frac{100V}{m_d}C'_s[(R_2-1)+m'_T+n'_w-C'_D]\rho_{w20} \tag{2.16}$$

$$C'_s=\frac{\rho_s}{\rho_s-\rho_{w20}} \tag{2.17}$$

式中 V——悬液体积(mL)；

C'_s——土粒比重校正值，可按式(2.17)进行计算，也可按表 2-3 执行；

R_2——乙种密度计读数；

m'_T——温度校正值，可按表 2-4 执行；

n'_w——弯液面校正值；

C'_D——分散剂校正值。

(2) 粒径按下式计算：

$$d=\sqrt{\frac{1800\times10^4\eta}{(G_s-G_{wT})\rho_{w0}g}\times\frac{L_t}{t}} \tag{2.18}$$

式中 d——粒径(mm)；

η——水的动力黏滞系数($\times10^{-6}$ kPa·s)，可按表 2-5 执行；

G_{wT}——温度为 T ℃时水的比重；

ρ_{w0}——4 ℃时水的密度(g/cm^3)；

g——重力加速度(981 cm/s^2)；

L_t——某一时间 t 内的土粒沉降距离(cm)；

t——沉降时间(s)。

为了简化计算，式(2.18)也可写成式(2.19)：

$$d=K\sqrt{\frac{L_t}{t}} \tag{2.19}$$

$$K=\sqrt{\frac{1800\times10^4\eta}{(G_s-G_{wT})\rho_{w0}g}} \tag{2.20}$$

式中 K——粒径计算系数，与悬液温度和土粒比重有关，可按式(2.20)计算，也可按表2-6执行。

(3) 用小于某粒径的土质量分数为纵坐标，以粒径为横坐标，在单对数坐标上绘制颗粒大小分布曲线。当与筛析法联合分析时，应将两段曲线绘成一平滑曲线。

表2-5 水的动力黏滞系数、黏滞系数比、温度校正值

温度 T(℃)	动力黏滞系数 η ($\times10^{-6}$ kPa·s)	η_T/η_{20}	温度校正系数 T_D	温度 T(℃)	动力黏滞系数 η ($\times10^{-6}$ kPa·s)	η_T/η_{20}	温度校正系数 T_D
5.0	1.516	1.501	1.17	16.0	1.115	1.104	1.60
5.5	1.493	1.478	1.19	16.5	1.101	1.090	1.62
6.0	1.470	1.455	1.21	17.0	1.088	1.077	1.64
6.5	1.449	1.435	1.23	17.5	1.074	1.066	1.66
7.0	1.428	1.414	1.25	18.0	1.061	1.050	1.68
7.5	1.407	1.393	1.27	18.5	1.048	1.038	1.70
8.0	1.387	1.373	1.28	19.0	1.035	1.025	1.72
8.5	1.367	1.353	1.30	19.5	1.022	1.012	1.74
9.0	1.347	1.334	1.32	20.0	1.010	1.000	1.76
9.5	1.328	1.315	1.34	20.5	0.998	0.988	1.78
10.0	1.310	1.297	1.36	21.0	0.986	0.976	1.80
10.5	1.292	1.279	1.38	21.5	0.974	0.964	1.83
11.0	1.274	1.261	1.40	22.0	0.963	0.953	1.85
11.5	1.256	1.243	1.42	22.5	0.952	0.943	1.87
12.0	1.239	1.227	1.44	23.0	0.941	0.932	1.89
12.5	1.223	1.211	1.46	24.0	0.919	0.910	1.94
13.0	1.206	1.194	1.48	25.0	0.899	0.890	1.98
13.5	1.188	1.176	1.50	26.0	0.879	0.870	2.03
14.0	1.175	1.163	1.52	27.0	0.859	0.850	2.07
14.5	1.160	1.148	1.54	28.0	0.841	0.833	2.12
15.0	1.144	1.133	1.56	29.0	0.823	0.815	2.16
15.5	1.130	1.119	1.58	30.0	0.806	0.798	2.21

续表2-5

温度 T(℃)	动力黏滞系数 η ($\times 10^{-6}$ kPa·s)	η_T/η_{20}	温度校正系数 T_D	温度 T(℃)	动力黏滞系数 η ($\times 10^{-6}$ kPa·s)	η_T/η_{20}	温度校正系数 T_D
31.0	0.789	0.781	2.25	34.0	0.742	0.735	2.39
32.0	0.773	0.765	2.30	35.0	0.727	0.720	2.43
33.0	0.757	0.750	2.34	—	—	—	—

表 2-6　粒径计算系数 K 值表

温度(℃)	土粒比重 G_s								
	2.45	2.50	2.55	2.60	2.65	2.70	2.75	2.80	2.85
5	0.1385	0.1360	0.1339	0.1318	0.1298	0.1279	0.1261	0.1243	0.1226
6	0.1365	0.1342	0.1320	0.1299	0.1280	0.1261	0.1243	0.1225	0.1208
7	0.1344	0.1321	0.1300	0.1280	0.1260	0.1241	0.1224	0.1206	0.1189
8	0.1324	0.1302	0.1281	0.1260	0.1241	0.1223	0.1205	0.1188	0.1182
9	0.1305	0.1283	0.1262	0.1242	0.1224	0.1205	0.1187	0.1171	0.1164
10	0.1288	0.1267	0.1247	0.1227	0.1208	0.1189	0.1173	0.1156	0.1141
11	0.1270	0.1249	0.1229	0.1209	0.1190	0.1173	0.1156	0.1140	0.1124
12	0.1253	0.1232	0.1212	0.1193	0.1175	0.1157	0.1140	0.1124	0.1109
13	0.1235	0.1214	0.1195	0.1175	0.1158	0.1141	0.1124	0.1109	0.1004
14	0.1221	0.1200	0.1180	0.1162	0.1149	0.1127	0.1111	0.1095	0.1000
15	0.1205	0.1184	0.1165	0.1148	0.1130	0.1113	0.1096	0.1081	0.1067
16	0.1189	0.1169	0.1150	0.1132	0.1115	0.1098	0.1083	0.1067	0.1053
17	0.1173	0.1154	0.1135	0.1118	0.1100	0.1085	0.1069	0.1047	0.1039
18	0.1159	0.1140	0.1121	0.1103	0.1086	0.1071	0.1055	0.1040	0.1026
19	0.1145	0.1125	0.1108	0.1090	0.1073	0.1058	0.1031	0.1088	0.1014
20	0.1130	0.1111	0.1093	0.1075	0.1059	0.1043	0.1029	0.1014	0.1000
21	0.1118	0.1099	0.1081	0.1064	0.1043	0.1033	0.1018	0.1003	0.0990
22	0.1103	0.1085	0.1067	0.1050	0.1035	0.1019	0.1004	0.0990	0.09767
23	0.1091	0.1072	0.1055	0.1038	0.1023	0.1007	0.09930	0.09793	0.09659
24	0.1078	0.1061	0.1044	0.1028	0.1012	0.09970	0.09823	0.09600	0.09555
25	0.1065	0.1047	0.1031	0.1014	0.09990	0.09839	0.09701	0.09566	0.09434

续表2-6

温度(℃)	土粒比重 G_s								
	2.45	2.50	2.55	2.60	2.65	2.70	2.75	2.80	2.85
26	0.1054	0.1035	0.1019	0.1003	0.09897	0.09731	0.09592	0.09455	0.09327
27	0.1041	0.1024	0.1007	0.09915	0.09767	0.09623	0.09482	0.09349	0.09225
28	0.1032	0.1014	0.09975	0.09818	0.09670	0.09529	0.09391	0.09257	0.09132
29	0.1019	0.1002	0.09859	0.09706	0.09555	0.09413	0.09279	0.09144	0.09028
30	0.1008	0.09910	0.09752	0.09597	0.09450	0.09311	0.09176	0.09050	0.08927

5）实验记录

实验记录见附表11。

2.2.3 实验思考题

(1) 在哪些方面要考虑温度对悬液的影响？

(2) 密度计法实验中量筒直径的大小对实验结果的准确性会不会有影响？为什么？

(3) 密度计法实验中为什么对含盐量较高的土要进行洗盐后才能测定？

(4) 筛析法、密度计法各在什么情况下适用？各有什么优缺点？

2.3 界限含水率实验

黏性土随含水率变化，其物理状态和力学性质均发生显著变化。液限和塑限是标志土的物理状态变化的界限含水率。液限是土的流动状态与可塑状态的界限含水率，也就是可塑状态的上限含水率。当土的含水率增加到超过液限时，土就由可塑状态转为流动状态，土粒之间几乎没有黏结力。塑限是土的可塑状态与半固体状态的界限含水率，也就是可塑状态的下限含水率。当土的含水率减小到低于塑限时，土就由可塑状态转为半固体状态，失去可塑性。

在工程实际中，液塑限指标的准确取值直接影响土的定名分类和相应土基承载能力的确定。因此，界限含水率实验(测定土的液塑限指标)对工程具有很重要的意义。

界限含水率实验常用的方法有：液塑限联合测定法(同时测定土的液限和塑限)、碟式仪液限法(只测定土的液限)和搓滚塑限法(只测定土的塑限)等。这些方法适用于粒径小于0.5 mm，以及有机质含量不大于干土质量5%的土。

2.3.1 液塑限联合测定法

液塑限联合测定法是根据圆锥仪的圆锥入土深度与其相应的含水率在双对数坐标上具有线性关系的特性来进行的。利用圆锥质量为76 g的液塑限联合测定仪测得土在不同含水率时的圆锥入土深度，并绘制其关系曲线图，在图上查得圆锥下沉深度为17 mm时所对应的含水率为17 mm液限；查得圆锥下沉深度为10 mm时所对应的含水率为10 mm液限;查得圆锥下沉深度为 2 mm 时所对应的含水率为塑限。

(1) 实验目的

测定黏性土的液限和塑限,计算土的塑性指数和液性指数,从而判别土的软硬程度并对土进行定名分类,以及估算地基土的承载力。

(2) 仪器设备

① 液塑限联合测定仪(图 2-5)应包括带标尺的圆锥仪、电磁铁、显示屏、控制开关和试样杯。圆锥仪质量为 76 g,锥角为 30°;读数显示宜采用光电式、游标式和百分表式。

② 试样杯:直径 40~50 mm,高 30~40 mm。

③ 天平:称量 200 g,分度值 0.01 g。

④ 筛:孔径 0.5 mm。

⑤ 其他:烘箱、干燥缸、铝盒、调土刀、凡士林。

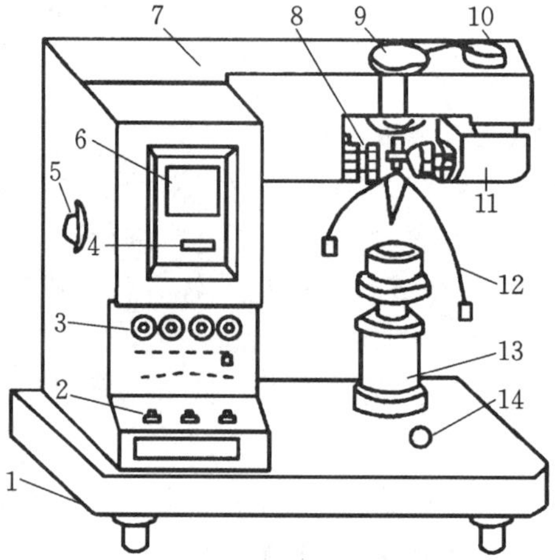

图 2-5 光电式液塑限联合测定仪示意图

1—水平调节螺丝;2—控制开关;3—指示灯;4—零线调节螺丝;5—反光镜调节螺丝;6—屏幕;7—机壳;8—物镜调节螺丝;9—电磁装置;10—光源调节螺丝;11—光源;12—圆锥仪;13—升降台;14—水平泡

(3) 实验步骤

① 液塑限联合实验宜采用天然含水率的土样制备试样,也可用风干土制备试样。

② 当采用天然含水率的土样时,应剔除粒径大于 0.5 mm 的颗粒,再分别按接近液限、塑限和二者的中间状态制备不同稠度的土膏,静置湿润。静置时间可视原含水率的大小而定。

③ 当采用风干土样时,取过 0.5 mm 筛的代表性土样约 200 g,分成 3 份,分别放入 3 个盛土皿中,加入不同体积的纯水,使其分别达到本条第②款所述的含水率,调成均匀土膏,放入密封的保湿缸中静置 24 h。

④ 将制备好的土膏用调土刀充分调拌均匀,密实地填入试样杯中,并应使空气逸出。高出试样杯的余土用调土刀刮平,将试样杯放在仪器底座上。

⑤ 取圆锥仪,在锥体上涂以薄层润滑油脂,接通电源,使电磁铁吸稳圆锥仪。当使用游标式或百分表式圆锥仪时,提起锥杆,用旋钮固定。

⑥ 调节屏幕准线，使初读数为零。调节升降座，使圆锥仪锥角接触试样面，指标灯亮时圆锥在自重下沉入试样内，当使用游标式或百分表式圆锥仪时用手扭动旋钮，松开锥杆，经 5 s 后测读圆锥下沉深度。然后取出试样杯，挖去锥尖入土处的润滑油脂，取锥体附近的试样不得少于 10 g，放入称量盒内称量，准确至 0.01 g，测定含水率。

⑦ 应按本条第④款至第⑥款的规定，测试其余 2 个试样的圆锥下沉深度和含水率。

(4)结果计算

① 绘制圆锥下沉深度与含水率关系曲线

以含水率为横坐标、圆锥下沉深度为纵坐标，在双对数坐标纸上绘制关系曲线。三点连一直线(图 2-6 中的 A 线)。若三点不在一条直线上，通过高含水率的一点与其余两点连成两条直线，在圆锥下沉深度为 2 mm 处查得相应的含水率，当两个含水率的差值小于 2% 时，应以这两点含水率的平均值与高含水率的点连成一直线(图 2-6 中的 B 线)。当两个含水率的差值不小于 2%时，应补做实验。

② 查找液限与塑限

通过圆锥下沉深度与含水率关系图，查得下沉深度为 17 mm 时所对应的含水率为液限，下沉深度为 10 mm 时所对应的含水率为 10 mm 液限；查得下沉深度为 2 mm 时所对应的含水率为塑限，以百分数表示，准确至 0.1%。

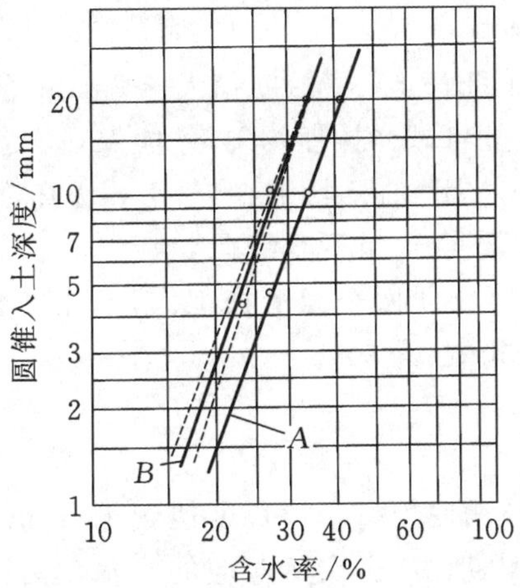

图 2-6　圆锥下沉深度与含水率关系曲线

③ 塑性指数和液性指数分别按下列公式计算：

$$I_P = w_L - w_P \tag{2.21}$$

$$I_L = \frac{w_0 - w_P}{I_P} \tag{2.22}$$

式中　I_P——塑性指数；

I_L——液性指数，计算至 0.01；

w_L——液限(%，计算 I_P 时去掉%)；

w_P——塑限(%，计算 I_P 和 I_L 时均去掉%)；

w_0——天然含水率(%，计算 I_L 时去掉%)。

④ 土的定名分类

根据塑性指数 I_P 进行土的定名分类，即 $I_P>17$ 时为黏性土；$10<I_P\leqslant17$ 时为粉质黏性土；$3<I_P\leqslant10$ 时为粉土（当 $I_P\leqslant3$ 时，土表现不出黏性性质，所以就不是黏土）。

⑤ 确定土的状态

根据液性指数 I_L 判别土的状态（表 2-7）。

表 2-7　黏性土的状态

液性指数	$I_L\leqslant0$	$0<I_L\leqslant0.25$	$0.25<I_L\leqslant0.75$	$0.75<I_L\leqslant1.0$	$I_L>1.0$
土的状态	坚硬	硬塑	可塑	软塑	流塑

（5）实验记录

实验记录见附表 12 和附图 1。

（6）注意事项

① 为了尽量减少人为影响，使试样更能反映实际情况，原则上尽量采用天然含水率的土样制备试样。若土样湿度在采集及运送过程中发生了变化，或者由于土质不均匀，选取代表性的土样有困难时，也允许用风干土样制备试样。

② 液塑限联合测定三个测点的分布应使其间距尽量大些，在图上比较均匀地分布。一般锥体下沉深度在 2～17 mm 之间。

③ 对于含水率接近塑限（即圆锥入土深度稍大于 2 mm）的试样，由于含水率较低，用调土刀不易调拌均匀，须用手反复将试样揉捏均匀，才能保证实验结果的正确性。

④ 圆锥尖在使用（拧上或拧下）时要特别小心，不要损坏锥尖。

⑤ 土样填入试样杯中时，注意土中不能留有空隙。

⑥ 每次实验完毕后均需对仪器做全面清扫工作，不让碎土、灰尘等留在仪器上。不要用手直接接触光学元器件，防止划伤。

2.3.2　碟式仪液限法

碟式仪液限法是以碟式仪槽底土样合拢长度达到 13 mm 时所需的击次与对应的含水率之间的关系绘制液限曲线图，取 25 击次所对应的含水率为液限。因此，碟式仪液限法只用于测定土的液限。

（1）实验目的

测定土的液限，计算土的塑性指数和液性指数，供设计施工使用。

（2）仪器设备

① 碟式液限仪（图 2-7）：由土碟和支架组成专用仪器，并有专用划刀。其技术条件应符合现行国家标准 GB/T 21997.1《土工试验仪器　液限仪 第 1 部分：碟式液限仪》的规定。

② 天平：称量 200 g，分度值 0.01 g。

③ 筛：孔径为 0.5 mm。

④ 其他：烘箱、干燥缸、铝盒、调土刀。

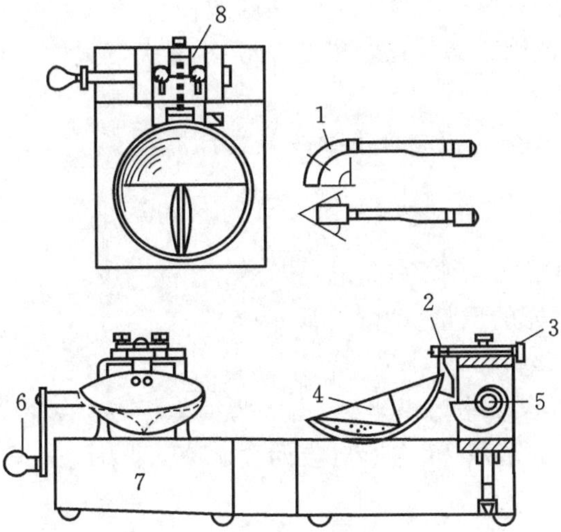

图 2-7 碟式液限仪

1—开槽器；2—销子；3—支架；4—土碟；
5—蜗形轮；6—摇柄；7—底座；8—调整板

(3) 实验步骤

① 取过 0.5 mm 筛的土样(天然含水率的土样或风干土样均可)约 100 g，放在调土皿中，按需要加纯水，用调土刀反复拌匀。

② 取一部分试样平铺于土碟的前半部。铺土时应防止试样中混入气泡。用调土刀将试样面修平，使最厚处为 10 mm。将多余试样放回调土皿中。以蜗形轮为中心，用划刀自后至前沿土碟中央将试样划成槽缝清晰的两半(图 2-8)。为避免槽缝边扯裂或试样在土碟中滑动，允许从前至后，再从后至前多划几次，将槽逐步加深，以代替一次划槽，最后一次从后至前的划槽应能接触碟底，但应尽量减少划槽的次数。

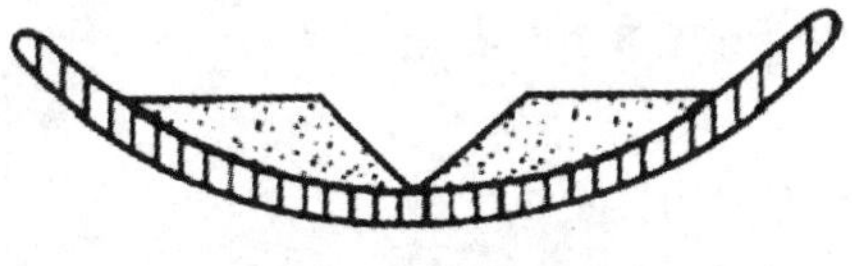

图 2-8 划槽状况

③ 以每秒 2 转的速率转动摇柄，使土碟反复起落，坠击于底座上，记录击数，直至试样两边在槽底的合拢长度为 13 mm 为止(图 2-9)。记录击数，并在槽的两边采集试样 10 g 左右，测定其含水率。

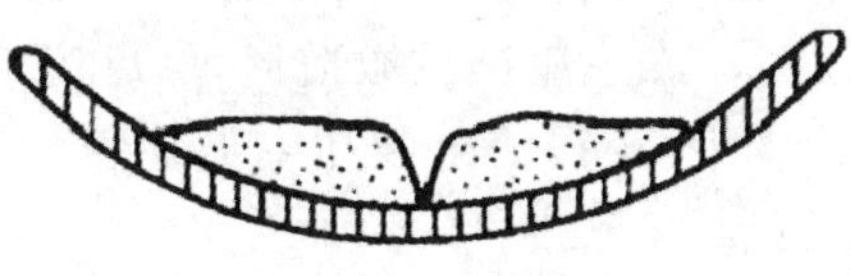

图 2-9 合拢状况

④ 将土碟中的剩余试样移至调土皿中，再加水彻底拌和均匀，按本条第②款、第③款的

规定至少再做两次实验。这两次实验中土的稠度应使合拢长度为 13 mm 时所需击数为 15～35 次，其中 25 次以上及以下各 1 次。然后测定各击次下试样的相应含水率。

(4) 结果计算

① 各击次下合拢时试样的相应含水率按下式计算：

$$w_N=\left(\frac{m_N}{m_d}-1\right)\times 100 \tag{2.23}$$

式中 w_N——N 击下试样的含水率(%)；

m_N——N 击下试样的质量，即湿土质量(g)；

m_d——干土质量(g)。

② 根据实验结果，以含水率为纵坐标、击次为横坐标，在单对数坐标上绘制击次与含水率的关系曲线，查得曲线上击数 25 次所对应的含水率，即为该试样的液限。

(5) 实验记录

实验记录见附表 13。

(6) 注意事项

① 采样应具有代表性，调土时应将土反复拌匀；

② 对碟中的土样划槽时应避免槽缝边扯裂，或试样在土碟中滑动。

2.3.3 搓滚塑限法

搓滚塑限法又称搓条法，是将土样搓成 3 mm 粗细的土条且表面出现裂缝，并开始断裂，则认为其对应的含水率正好为塑限。因此，搓滚塑限法只用于测定土的塑限。该方法受人为因素影响较大，一般只适用于工程上粗略且快速地评估土的塑限。

(1) 实验目的

测定土的塑限，用于工程上快速评估土的物理状态。

(2) 仪器设备

① 毛玻璃板：尺寸宜为 200 mm×300 mm。

② 卡尺：分度值 0.02 mm。

③ 天平：称量 200 g，分度值 0.01 g。

④ 筛：孔径 0.5 mm。

⑤ 其他：烘箱、干燥缸、铝盒。

(3) 实验步骤

① 取过 0.5 mm 筛的代表性试样 100 g，加纯水拌和，浸润静置过夜。

② 将试样在手中捏揉至不黏手，捏扁，当出现裂缝时，表示含水率已接近塑限。

③ 取接近塑限的试样一小块，先手用捏成橄榄形，然后用手掌在毛玻璃板上轻轻搓滚。搓滚时手掌均匀施加压力于土条上，不得使土条在毛玻璃板上无力滚动。土条不得有空心现象，土条长度不宜大于手掌宽度。

④ 当土条搓成直径 3 mm 时，产生裂缝，并开始断裂，表示试样达到塑限。当土条直径达3 mm时仍不产生裂缝及断裂时，表示这时试样的含水率高于塑限；当土条直径大于3 mm时即断裂，表示试样含水率小于塑限，应弃去，重新取土进行实验。当土条在任何含水率下

始终搓不到 3 mm 即开始断裂，则该土无塑性。

⑤ 取直径符合 3 mm 断裂土条 3～5 g，放入称量盒内，盖紧盒盖，测定含水率。此含水率即为塑限。

(4) 结果计算

① 塑限按下式计算，精确至 0.1%。

$$w_P=\left(\frac{m_0}{m_d}-1\right)\times 100 \tag{2.24}$$

式中 m_0——湿土质量(g)；

m_d——干土质量(g)。

② 本实验应进行两次平行测定，两次测定的最大允许平行差值应符合表 2-1 的规定。

(5) 实验记录

实验记录见附表 14。

(6) 注意事项

① 取样应具有代表性。

② 搓滚时手掌均匀施加压力于土条上，不得使土条在毛玻璃板上无力滚动，土条不得有空心现象，其长度不宜大于手掌宽度。

③ 对于某些低液限粉质土，若始终搓不到 3 mm，可认为其塑性极低或无塑性，可按细砂处理。

2.3.4 实验思考题

(1) 液塑限联合测定法中如何制备土膏试样？

(2) 简要叙述液塑限联合测定法、碟式仪液限法和搓滚塑限法这三种方法的测定原理。

(3) 你认为碟式仪液限法和搓滚塑限法需要注意哪些关键操作？

(4) 搓滚塑限法实验中为什么有的土始终搓不到 3 mm？

2.4 相对密度实验

相对密度涉及砂土的最大孔隙比、最小孔隙比及天然孔隙比。相对密度是砂土处于最松散状态的孔隙比(最大孔隙比)与天然状态孔隙比之差和最松散状态的孔隙比与最紧密状态的孔隙比(最小孔隙比)之差的比值。相对密度实验就是进行砂土的最大孔隙比(最小干密度)实验和最小孔隙比(最大干密度)实验。

相对密度是砂性土紧密程度的指标，对于建筑物和地基的稳定性，特别是在抗震稳定性方面具有重要的意义。密实的砂具有较高的抗剪强度及较低的压缩性，在震动情况下产生液化的可能性小；而松散的砂，其稳定性差、压缩性高，对于饱和的砂土，在震动的情况下还容易产生液化。

砂土的密实程度在一定程度上可用其孔隙比来反映，但砂土的密实程度不仅取决于孔隙比，在很大程度上还取决于土的颗粒级配。颗粒级配不同的砂土即使具有相同的孔隙比，但由于土颗粒大小的不同、颗粒排列不同，所处的密实状态也会不同。为了同时考虑孔隙比和颗粒级配的影响，引入砂土相对密度的概念来反映砂土的密度。

2.4.1 最小干密度实验

(1) 实验目的

测试砂土的最小干密度，计算得到砂土的最大孔隙比。

(2) 仪器设备

① 量筒：容积为 500 mL 及 1000 mL 两种，后者内径应大于 6 cm。

② 长颈漏斗：颈管内径约 1.2 cm，颈口磨平。

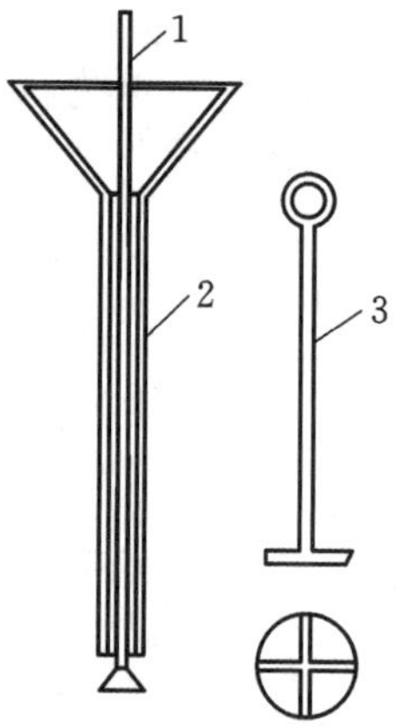

图 2-10 漏斗及拂平器

1—锥形塞；2—长颈漏斗；3—砂面拂平器

③ 锥形塞：直径约 1.5 cm 的圆锥体，焊接在铜杆下端(图 2-10)。

④ 天平：称量 1000 g，分度值 1 g。

⑤ 砂面拂平器。

(3) 实验步骤

① 取有代表性的烘干试样或充分风干试样约 1.5 kg，用手搓揉或用圆木棍在橡皮板上碾散，并拌和均匀；

② 将锥形塞杆自漏斗下口穿入，并向上提起，使锥体堵住漏斗管口，一并放入 1000 mL 量筒中，使其下端与筒底接触；

③ 称取试样 700 g(应准确至 1 g)，均匀倒入漏斗中，将漏斗与塞杆同时提高，然后下放塞杆，使锥体略离开管口，管口应经常保持高出砂面 1～2 cm，使试样缓缓且均匀地落入量筒中；

④ 试样全部落入量筒后，取出漏斗与锥形塞，用砂面拂平器将砂面拂平，勿使量筒振动，然后测读砂样体积，估读至 5 mL；

⑤ 用手掌或橡皮板堵住量筒口，将量筒倒转，然后缓慢地转回原来位置，如此重复几次，记下体积的最大值，估读至 5 mL；

⑥ 从本条第④款、第⑤款两种方法测得的体积中取体积值较大的一个为松散状态时试样的最大体积。

(4) 结果计算

① 最小干密度按下式计算，精确至 0.01 g/cm^3：

$$\rho_{d\min}=\frac{m_d}{V_{\max}} \tag{2.25}$$

式中 $\rho_{d\min}$——最小干密度(g/cm^3)；

$V_{\max}$——松散状态时试样的最大体积(cm^3)；

m_d——试样质量(g)。

② 最大孔隙比按下式计算：

$$e_{\max}=\frac{\rho_w G_s}{\rho_{d\min}}-1 \tag{2.26}$$

式中 $e_{\max}$——最大孔隙比；

ρ_w——水的密度(g/cm^3)；

G_s——土粒比重。

③ 本实验应进行两次平行测定，两次测定的最小干密度值其最大允许平行差值应为 $\pm0.03\ g/cm^3$，取两次测值的算术平均值作为实验结果。

(5) 实验记录

实验记录见附表 15。

2.4.2 最大干密度实验

(1) 实验目的

测试砂土的最大干密度，计算得到砂土的最小孔隙比。

(2) 仪器设备

① 金属容器。

a. 容积 250 mL，内径 5 cm，高 12.7 cm；

b. 容积 1000 mL，内径 10 cm，高 12.75 cm。

② 振动叉(图 2-11)。

③ 击锤(图 2-12)：锤质量 1.25 kg，落高 15 cm，锤底直径 5 cm。

④ 台秤：称量 5000 g，分度值 1 g。

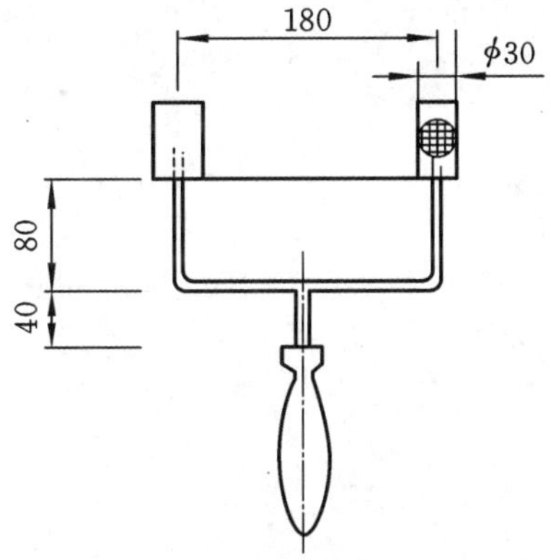

图 2-11 振动叉(单位：mm)

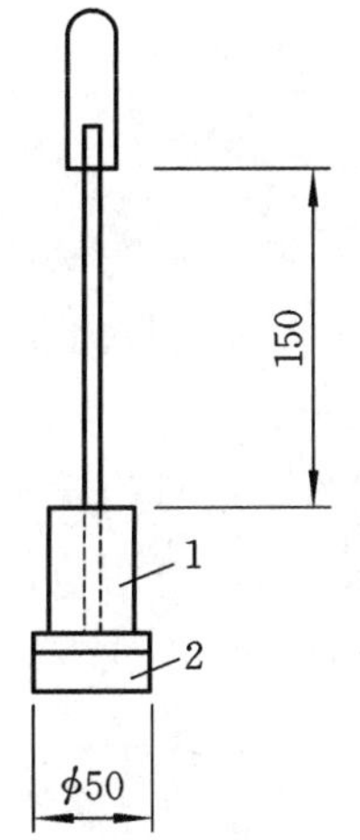

图 2-12 击锤(单位：mm)

1—击锤；2—锤座

(3) 实验步骤

① 取有代表性的试样约 4 kg，用手搓揉或用圆木棍在橡皮板上碾散，并拌和均匀。

② 分三次倒入容器进行振击。先取有代表性的试样 600～800 g(其数量应使振击后的体积略大于容器容积的 1/3)倒入 1000 mL 容器内，用振动叉以每分钟各 150～200 次的速度敲打容器两侧，并在同一时间内用击锤于试样表面每分钟锤击 30～60 次，直到砂样体积不变为止，一般击 5～10 min。敲打时要用足够的力量使试样处于振动状态；锤击时，粗砂可用较少击数，细砂应用较多击数。

③ 按本条第②款的规定进行后两次的装样、振动和锤击，第三次装样时应先在容器口上安装套环。

④ 最后一次振击完成后，取下套环，用修土刀对齐容器顶面刮去多余试样，称取容器内试样质量，准确至 1 g，并记录试样体积，计算其最小孔隙比。

(4) 结果计算

① 最大干密度按下式计算，精确至 0.01 g/cm^3：

$$\rho_{d\max}=\frac{m_d}{V_{\min}} \tag{2.27}$$

式中 $\rho_{d\max}$——最大干密度(g/cm^3)；

$V_{\min}$——密实状态时试样的最小体积(cm^3)。

② 最小孔隙比按下式计算：

$$e_{\min}=\frac{\rho_w G_s}{\rho_{d\max}}-1 \tag{2.28}$$

式中 $e_{\min}$——最小孔隙比。

③ 相对密度按下列公式计算：

$$D_r=\frac{e_{\max}-e_0}{e_{\max}-e_{\min}} \tag{2.29}$$

$$D_r=\frac{(\rho_d-\rho_{d\min})\rho_{d\max}}{(\rho_{d\max}-\rho_{d\min})\rho_d} \tag{2.30}$$

式中 D_r——相对密度，精确至 0.01；

e_0——天然孔隙比或填土的相应孔隙比；

ρ_d——天然干密度或填土的相应干密度(g/cm^3)。

④ 本实验应进行两次平行测定，两次测定的最大干密度值其最大允许平行差值应为 ± 0.03 g/cm^3，取两次测值的算术平均值作为实验结果。

(5) 实验记录

实验记录见附表 15。

2.4.3 注意事项

(1) 土样应为能自由排水的砂砾土，粒径不应大于 5 mm，其中粒径为 2～5 mm 的土样质量不应大于土样总质量的 15%。对含细粒较多的试样，不宜进行相对密度实验。

(2) 考虑到砂砾土的风干含水率很小，可以认为充分风干与烘干两种状态非常接近，对实验结果影响较小。但实验证明，含水率有少量的增加，对最大孔隙比的测定影响较大，规定采用烘干或充分风干的试样(即风干到稳定状态或近乎烘干状态)，避免产生误差。

(3) 最小干密度实验宜采用漏斗法(量筒法)，最大干密度实验宜采用振动锤击法。

2.4.4 实验思考题

(1) 如果相对密度 $D_r=0.6$，砂土是怎样的密实状态？判别依据是什么？

(2) 简述最大孔隙比及最小孔隙比测定的基本原理。

(3) 在测定最大孔隙比时,有时会出现最大孔隙比小于天然孔隙比的情况,试分析出现这种结果的原因。

(4) 在测定最小孔隙比时,有时会出现最小孔隙比大于天然孔隙比的情况,试分析出现这种结果的原因。

2.5 击实实验

击实实验是一种了解土的压实特性的方法,主要通过用锤击土样来模拟工程现场的夯实原理。在这个过程中,使用标准化的击实仪器和规定的标准方法,对土料施加一定的冲击荷载使之压实。根据实验数据,绘制干密度和含水率关系曲线,确定最优含水率和最大干密度,为填土工程的设计、施工提供重要依据。

本实验分为轻型击实和重型击实。轻型击实实验的单位体积击实功约为 592.2 kJ/m^3,重型击实实验的单位体积击实功约为 2684.9 kJ/m^3。本实验土样粒径应小于 20 mm。

2.5.1 实验目的

了解土的压实性,确定最优含水率和最大干密度,从而指导工程设计和施工。

2.5.2 仪器设备

(1) 击实仪:应符合现行国家标准 GB/T 22541《土工试验仪器 击实仪》的规定。击实仪由击实筒(图 2-13)、击锤和导筒(图 2-14)组成,尺寸应符合表 2-8 的规定。

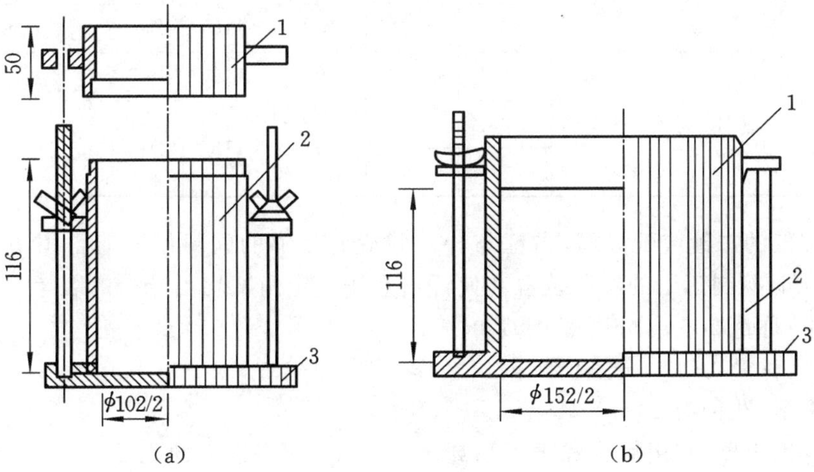

图 2-13 击实筒(单位:mm)

(a)小击实筒;(b)大击实筒

1—护筒;2—击实筒;3—底板

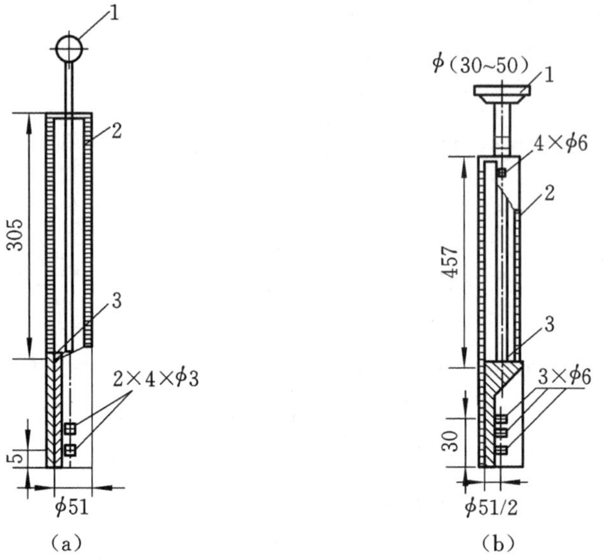

图 2-14　击锤与导筒

(a)2.5 kg 击锤(落高 305 mm);(b)4.5 kg 击锤(落高 457 mm)

1—提手;2—导筒;3—硬橡皮垫

表 2-8　击实仪主要技术指标

实验方法	锤底直径(mm)	锤质量(kg)	落高(mm)	层数	每层击数	击实筒			高度(mm)	备注
						内径(mm)	筒高(mm)	容积(cm^3)		
轻型	51	2.5	305	3	25	102	116	947.4	≥50	
				3	56	152	116	2103.9	≥50	
重型		4.5	457	3	42	102	116	947.4	≥50	
				3	94	152	116	2103.9	≥50	
				5	56					

(2) 击实仪的击锤应配导筒,击锤与导筒间应有足够的间隙使锤能自由下落。电动操作的击锤必须有控制落距的跟踪装置和使锤击点按一定角度均匀分布的装置。

(3) 天平:称量 200 g,分度值 0.01 g。

(4) 台秤:称量 10 kg,分度值 1 g。

(5) 标准筛:孔径为 20 mm、5 mm。

(6) 试样推出器:宜用螺旋式千斤顶或液压式千斤顶,如无此类装置,也可用刮刀和修土刀从击实筒中取出试样。

(7) 其他:烘箱、喷水设备、碾土设备、盛土器、修土刀和保湿设备。

2.5.3 实验步骤

1）试样制备

试样制备可分为干法制备和湿法制备两种方法。

（1）干法制备

① 用四分法取一定量有代表性的风干试样(其中小型击实筒所需土样约为 20 kg,大型击实筒所需土样约为 50 kg)放在橡皮板上用木碾碾散,也可用碾土器碾散。

② 进行轻型击实实验时按要求过 5 mm 或 20 mm 筛,进行重型击实实验时过 20 mm 筛,将筛下土样拌匀,并测定土样的风干含水率;根据土的塑限预估最优含水率,并按扰动土试样预备程序制备不少于 5 个不同含水率的一组试样,相邻 2 个试样含水率的差值宜为 2%。

③ 将一定量土样平铺于不吸水的盛土盘内,其中小型击实筒所需击实土样约为2.5 kg,大型击实筒所取土样约为 5.0 kg,按预定含水率用喷水设备往土样上均匀喷洒所需加水量,拌匀并装入塑料袋内或密封于盛土器内静置备用。静置时间分别为:高液限黏土不得少于 24 h,低液限黏土可酌情缩短,但不应少于 12 h。

（2）湿法制备

湿法制备应取天然含水率的代表性土样,其中小型击实筒所需土样约为 20 kg,大型击实筒所需土样约为 50 kg。碾散,按要求过筛,将筛下土样拌匀,并测定试样的含水率。分别风干或加水到所要求的含水率,应使制备好的试样水分均匀分布。

2）试样击实

（1）将击实仪平稳置于刚性基础上,在击实筒内壁和底板上涂一薄层润滑油,连接好击实筒与底板,安装好护筒。检查仪器各部件及配套设备的性能是否正常,并做好记录。

（2）从制备好的一份试样中称取一定量土料,分 3 层或 5 层倒入击实筒内,并将土面整平,分层击实。手工击实时,应保证使击锤自由铅直下落,锤击点必须均匀分布于土面上;机械击实时,可将定数器拨到所需的击数处(击数可按表 2-8 确定),按动电钮进行击实。击实后的每层试样高度应大致相等,两层交接面的土面应刨毛。击实完成后,超出击实筒顶的试样高度应小于 6 mm。

（3）用修土刀沿护筒内壁削挖后,扭动并取下护筒,测出超高(应取多个测值平均,准确至 0.1 mm)。沿击实筒顶仔细修平试样,拆除底板。试样底面超出筒外时,应修平。擦净筒外壁,称量,准确至 1 g。

（4）用推土器从击实筒内推出试样,从试样中心处取 2 份一定量的土料,细粒土为 15～30 g,粗粒土为 50～100 g。平行测定土的含水率,称量,准确至 0.01 g,两次测定的含水率的最大允许平行差值应为±1%。

（5）应按本条第(1)款至第(4)款的规定对其他含水率的试样进行击实。一般不重复使用土样。

2.5.4 结果计算

（1）击实后各试样的含水率按下式计算:

$$w=\left(\frac{m_0}{m_d}-1\right)\times 100 \tag{2.31}$$

式中 m_0——湿土质量(g)；

m_d——干土质量(g)。

(2) 击实后各试样的干密度按下式计算，精确至 0.01 g/cm³：

$$\rho_d=\frac{\rho}{1+0.01w} \tag{2.32}$$

式中 ρ——湿密度(g/cm³)；

w——含水率(%)。

(3) 土的饱和含水率按下式计算：

$$w_{sat}=\left(\frac{\rho_w}{\rho_d}-\frac{1}{G_s}\right)\times 100 \tag{2.33}$$

式中 w_{sat}——饱和含水率(%)；

ρ_w——水的密度(g/cm³)；

ρ_d——干密度(g/cm³)；

G_s——土粒比重。

(4) 制图

① 以干密度为纵坐标、含水率为横坐标，绘制干密度与含水率的关系曲线。曲线上峰值点的纵、横坐标分别代表土的最大干密度和最优含水率。曲线不能给出峰值点时，应进行补点实验。

② 数个干密度下土的饱和含水率按式(2.33)计算。以干密度为纵坐标、含水率为横坐标，绘制饱和曲线。

2.5.5 实验记录

实验记录见附表 16。

2.5.6 注意事项

(1) 室内扰动土的击实实验一般根据工程实际情况选用轻型击实实验或重型击实实验。水库、堤防、铁路路基填土均采用轻型击实实验，高等级公路填土和机场跑道等采用重型击实实验较多。

(2) 烘干对最大干密度和最优含水率等击实实验成果的影响较大。最大干密度以烘干土为最大，风干土次之，天然土最小；最优含水率以烘干土为最低。这种现象在黏土中表现得最明显，黏粒含量越大，烘干对最大干密度影响也越大，故黏土一般不宜用烘干土备样。一般干法以风干居多，也可用低于 60 ℃的烘干土样。

(3) 击实完成后超过筒高的土柱高度称为余土高度。重型击实实验中，余土高度不得超过 6 mm，这样干密度(以余土高度为零时的干密度为基准)才能控制在允许误差范围内。

(4) 击实完成后，应先用修土刀沿护筒内壁削挖，然后扭动护筒。如果不先用修土刀沿护筒内壁削挖就直接扭动护筒，则有可能发生击实土柱被剪断的现象。

(5) 在实验过程中，需控制好实验参数，如落高、层数、每层击数等。

2.5.7 实验思考题

(1) 击实实验分为哪几种类型？它们的适用范围是什么？

(2) 在进行击实实验时，如何控制土的含水率？

(3) 在进行击实实验时，可能会遇到哪些误差或干扰因素？如何减少这些影响？

(4) 如何利用击实实验的结果来指导实际工程中的填土工作？

2.6 承载比实验

承载比实验简称CBR实验。所谓CBR(英文名 California Bearing Ration)值，是指试料贯入量达到2.5 mm或5 mm时，单位压力对标准碎石压入相同贯入量时标准荷载强度(7 MPa或10.5 MPa)的比值，用百分数表示。CBR值是一项反映土体抗垂直位移和抵抗局部荷载压入变形能力的指标，当接近极限平衡条件时，还可反映土体抗剪强度的相对量度。

CBR实验不仅可与无侧限抗压强度实验一起作为无机结合材料的实验补充，还解决了砂和砂砾类建筑材料因颗粒间没有黏聚力而无法利用无侧限抗压强度实验的问题。CBR实验用于评定基层、垫层或土基材料的相对承载力。

目前，CBR作为公路工程评价土的性质的重要指标。CBR实验已成为路基开工前必做的一项实验。而该指标的使用，为我国公路建设中正确选用路基填料、确保公路工程质量提供了重要依据，发挥了巨大作用。

2.6.1 实验目的

采用贯入法，通过测定土在承受标准贯入探头贯入时相应的承载力，求取扰动土的承载比。

2.6.2 仪器设备

(1) 击实仪，其主要部件的尺寸应符合下列规定：

① 试样筒(图2-15)：内径152 mm、高166 mm的金属圆筒；试样筒内底板上放置垫块，垫块直径为151 mm、高50 mm；护筒高度50 mm。

② 击锤和导筒：锤底直径51 mm，锤质量4.5 kg，落距457 mm。击锤与导筒之间的空隙应符合现行国家标准GB/T 22541《土工试验仪器 击实仪》的规定。

(2) 贯入仪(图2-16)应符合下列规定：

① 加荷和测力设备：量程应不低于50 kN，最小贯入速度应能调节至1 mm/min。

② 贯入杆：杆的端面直径为50 mm，杆长100 mm，杆上应配有安装百分表的夹孔。

③ 百分表：2只，量程分别为10 mm和30 mm，分度值0.01 mm。

(3) 标准筛：孔径为20 mm、5 mm。

(4) 台秤：称量20 kg，分度值1 g。

(5) 天平：称量200 g，分度值0.01 g。

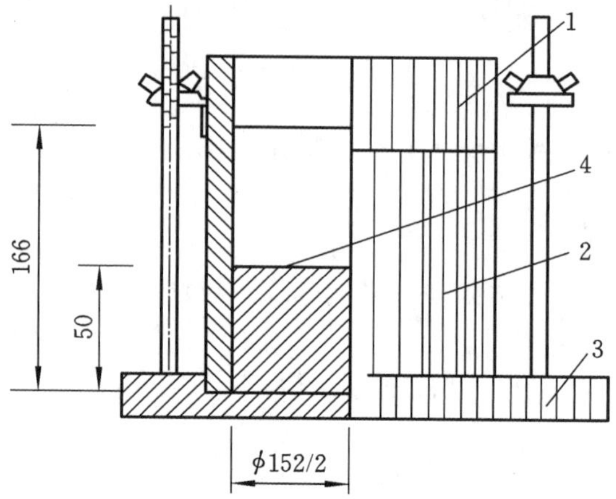

图 2-15　试样筒(单位：mm)

1—护筒；2—试样筒；3—底板；4—垫块

(6) 膨胀量测定装置(图 2-17)：由百分表和三脚架组成。

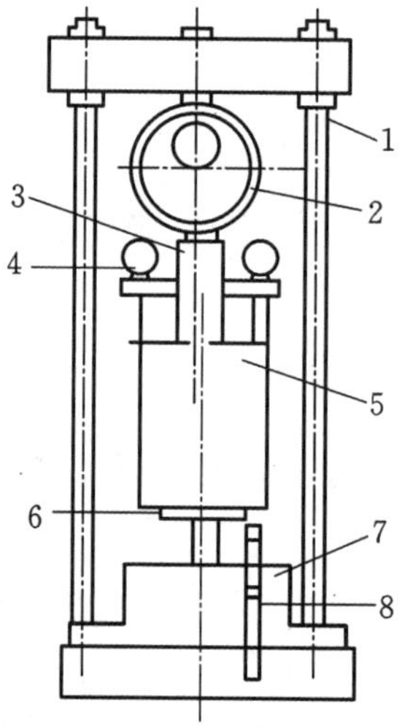

图 2-16　贯入仪示意图

1—框架；2—测力计；3—贯入杆；4—位移计；
5—试样；6—升降台；7—蜗轮蜗杆箱；8—摇把

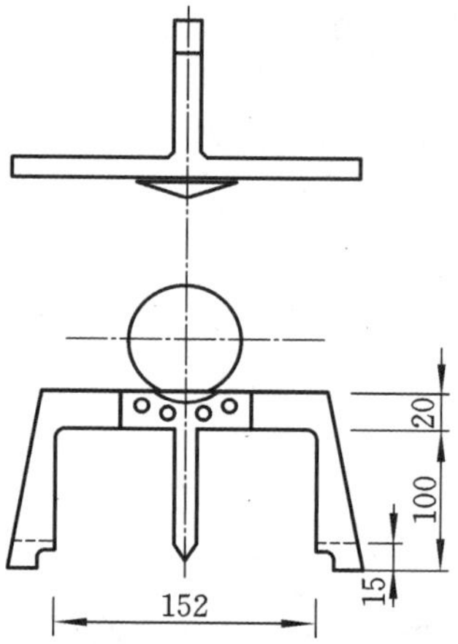

图 2-17　膨胀量测定装置(单位：mm)

(7) 有孔底板：孔径宜小于 2 mm，底板上应配有可紧密连接试样筒的装置。带调节杆的多孔顶板如图 2-18 所示。

(8) 荷载块(图 2-19)：直径 150 mm，中心孔直径 52 mm，每对质量 1.25 kg，共 4 对，并沿直径分为两个半圆块。

(9) 水槽：槽内水面应高出试件顶面 25 mm。

(10) 其他：刮刀、修土刀、直尺、量筒、土样推出器、烘箱、盛土盘。

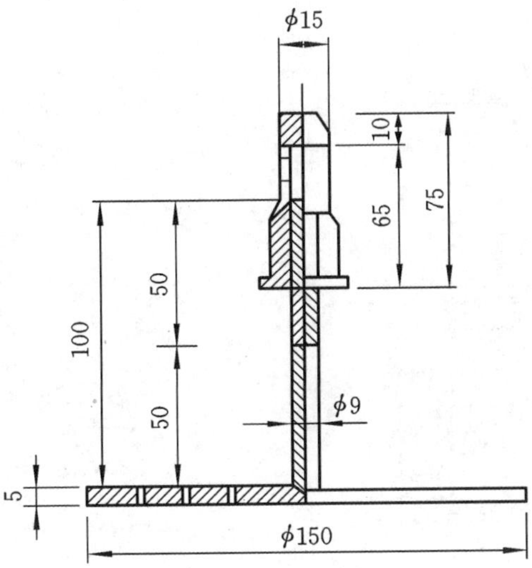

图 2-18　带调节杆的多孔顶板(单位：mm)

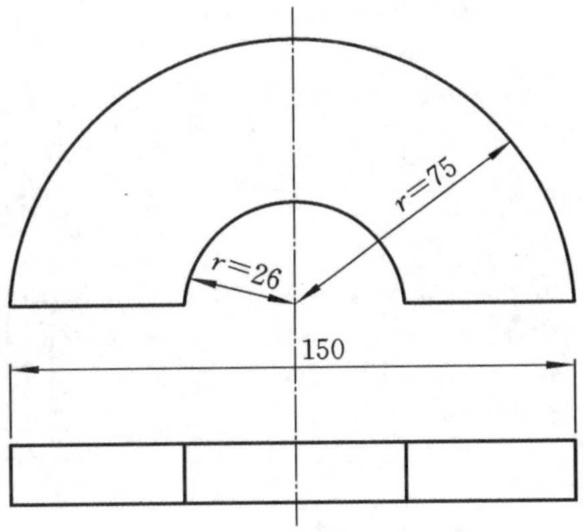

图 2-19　荷载块(单位：mm)

2.6.3　实验步骤

承载比实验步骤包括试样制备、浸水膨胀、贯入实验等环节。

(1) 试样制备

① 试样制备应符合第 2.5.3 节第 1)项的规定。其中土样需过 20 mm 筛,以筛除粒径大于 20 mm的颗粒,并记录超径颗粒的百分数。按需要制备数份试样,每份试样质量约为 6.0 kg。

② 按照第 2.5.3 节第 2)项的规定进行重型击实实验,求取最大干密度和最优含水率。

③ 应按最优含水率备料,制备 3 个用于重型击实实验的试样,击实完成后试样超高应小于 6 mm。

④ 卸下护筒,沿试样筒顶修平试样,表面不平整处宜细心用细料修补,取出垫块,称取试样筒和试样的总质量。

(2) 浸水膨胀

① 将一层滤纸铺于试样表面,放上多孔底板,并应用拉杆将试样筒与多孔底板固定好。

② 倒转试样筒,取一层滤纸铺于试样的另一表面,并在该面上放置带有调节杆的多孔顶板,再放上 8 块荷载块。

③ 将整个装置放入水槽,先不放水,安装好膨胀量测定装置,并读取初读数。

④ 向水槽内缓缓注水,使水自由进入试样的顶部和底部,注水后水槽内水面应保持在荷载块顶面以上大约 25 mm(图 2-20),通常试样要浸水 4 d。

⑤ 根据需要以一定时间间隔读取百分表的读数。浸水终了时,读取终读数。膨胀率按下式计算:

$$\delta_w = \frac{\Delta h_w}{h_0} \times 100 \tag{2.34}$$

式中　δ_w——浸水后试样的膨胀率(%);

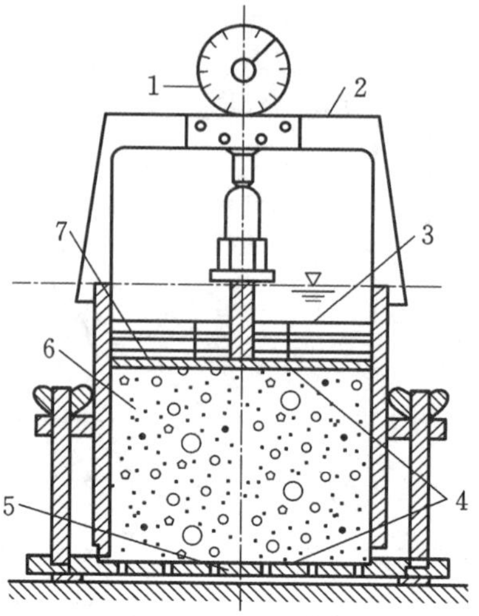

图 2-20　浸水膨胀实验装置

1—百分表；2—三脚架；3—荷载板；4—滤纸；
5—多孔底板；6—试样；7—多孔顶板

Δh_w——浸水后试样的膨胀量(mm)；

h_0——试样的初始高度(mm)。

⑥ 卸下膨胀量测定装置，从水槽中取出试样，吸去试样顶面的水，静置 15 min，让其排水，卸去荷载块、多孔顶板和多孔底板，取下滤纸，并称出试样筒和试样总质量，计算试样的含水率与密度的变化。

(3) 贯入实验

① 将浸水终了的试样放到贯入仪的升降台上，调整升降台的高度，使贯入杆与试样顶面刚好接触，并在试样顶面放上 8 块荷载块。

② 在贯入杆上施加 45 N 荷载，将测力计量表和测变形的量表读数调整至零点。

③ 加荷使贯入杆以 1～1.25 mm/min 的速率压入试样，按测力计量表的某些整读数(如 20、40、60)记录相应的贯入量，并使贯入量达到 2.5 mm 时的读数不得少于 5 个，当贯入量读数为 10～12.5 mm 时，可终止实验。

④ 应进行 3 个试样的平行实验，每个试样间的干密度最大允许平行差值应为 $\pm 0.03\ g/cm^3$。当 3 个试样实验结果所得承载比的变异系数大于 12%时，去掉一个偏离大的值，实验结果取其余 2 个结果的算术平均值；当变异系数小于 12%时，实验结果取 3 个结果的算术平均值。

2.6.4　结果计算

(1) 由 p-l(p 为单位压力，l 为贯入量)曲线上获取贯入量为 2.5 mm 和 5.0 mm 时的单位压力值，各自的承载比分别按式(2.35)、式(2.36)进行计算。承载比一般是指贯入量为 2.5 mm时的承载比，当贯入量为 5.0 mm 时的承载比大于贯入量为 2.5 mm 的承载比时，应重新进行实验。当实验结果仍然相同时，应采用贯入量为 5.0 mm 时的承载比。

① 贯入量为 2.5 mm 时的承载比按下式计算：

$$CBR_{2.5}=\frac{p}{7000}\times 100 \tag{2.35}$$

式中 $CBR_{2.5}$——贯入量为 2.5 mm 时的承载比(%)；

p——单位压力(kPa)；

7000——贯入量为 2.5 mm 时的标准压力(kPa)。

② 贯入量为 5.0 mm 时的承载比按下式计算：

$$CBR_{5.0}=\frac{p}{10500}\times 100 \tag{2.36}$$

式中 $CBR_{5.0}$——贯入量为 5.0 mm 时的承载比(%)；

10500——贯入量为 5.0 mm 时的标准压力(kPa)。

(2) 以单位压力 p 为横坐标、贯入量 l 为纵坐标，绘制 p-l 曲线(图 2-21)。图 2-21 中，曲线 1 是合适的，曲线 2 的开始段是凹曲线，应进行修正。修正的方法是：在变曲率点引一切线，与纵坐标交于 O' 点，O' 点即为修正后的原点。

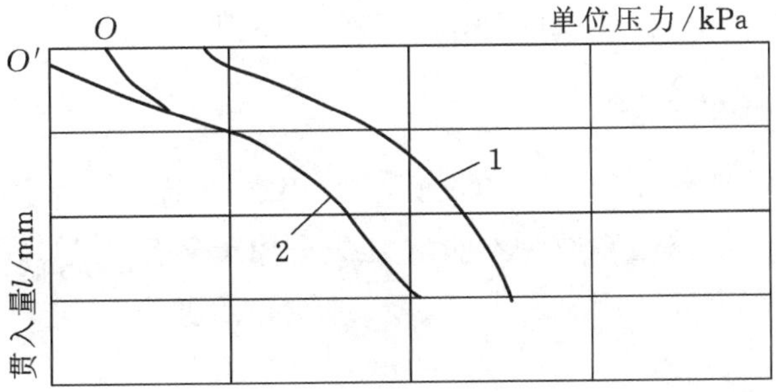

图 2-21 单位压力与贯入量的关系曲线(p-l 曲线)

2.6.5 实验记录

承载比实验记录见附表 17 和附表 18。

2.6.6 注意事项

(1) 本实验方法只适用于室内扰动土的 CBR 实验。由于本实验采用的试样筒高为 166 mm，除去垫块的高度 50 mm，实际试样高度为 116 mm，按三层击实，试样宜控制为直径不大于 20 mm。

(2) 为了模拟地基土的上覆压力，在进行浸水膨胀和贯入实验时，试样表面要加荷载块。尽管希望实验中能施加与实际荷载或设计荷载相同的力，但对于黏质土来说，特别是上覆荷载较大时，荷载块的影响是无法达到上述要求的。因此，常以施加 8 块荷载块(5 kg)作为标准方法。

(3) 为预估土料在现场可能出现的最不利情况，贯入实验前一般要将试样浸水并使之吸水，国内外的标准均以浸水 4 d 作为浸水时间。也可根据不同地区、地形、排水条件和工程结构等情况，适当改变浸水时间或不浸水，使实验结果更符合实际情况。

2.6.7 实验思考题

(1) 进行承载比实验时如何制备试样?

(2) 进行浸水膨胀和贯入实验时,试样表面为何要加荷载块?

(3) 为什么当贯入量为5.0 mm时的承载比大于贯入量为2.5 mm的承载比时,应重新进行实验?

2.7 渗透实验

土孔隙中的自由水在重力作用下发生运动的现象称为土的渗透性。在工程中常需要了解土的渗透性,例如基坑开挖排水时,需要了解土的渗透性,以配置合适的排水设备;在河滩上修筑渗水路堤时,需要考虑路堤填料的渗透性;在计算饱和黏性土上建筑物的沉降和时间关系时,需要掌握土的渗透性。土的渗透实验有常水头渗透实验和变水头渗透实验。实验用水宜采用实际作用于土中的天然水,如有困难,可用纯水或经过滤的清水。在实验前必须用抽气法或煮沸法进行脱气。实验时的水温宜高于室温3~4 ℃。

2.7.1 常水头渗透实验

常水头渗透实验是使水流在恒定的水头差 H 作用下通过土样,通过测定土样在一定时间内的渗透量来确定土的渗透系数。本实验方法适用于粗粒土,如砂类土或含少量砾石的无黏性土。

(1) 实验目的

本实验的目的是测定粗粒土的渗透系数,评价土的渗透性。土的渗透性与土的强度、变形有着密切的联系,在水坝稳定与地基渗流分析、基坑开挖的降水排水、软弱地基的沉降固结等方面有着重要意义。

(2) 仪器设备

① 常水头渗透仪装置:封底圆筒的尺寸参数应符合现行国家标准GB/T 15406《岩土工程仪器基本参数及通用技术条件》的相关规定;当使用其他尺寸的圆筒时,圆筒内径应大于试样最大粒径的10倍;玻璃测压管内径为0.6 cm,分度值为0.1 cm(图2-22)。

② 天平:称量5000 g,分度值1.0 g。

③ 温度计:分度值0.5 ℃。

④ 其他:木槌、秒表。

(3) 实验步骤

① 应先装好仪器(图2-22),并检查各管路接头处是否漏水。将调节管与供水管连通,由仪器底部充水,至水位略高于金属孔板,关闭止水夹。

② 取具有代表性的风干试样3~4 kg,称量,准确至1.0 g,并测定试样的风干含水率。

③ 将试样分层装入圆筒,每层厚2~3 cm,用木槌轻轻击实到一定的厚度,以控制其孔隙比。试样含黏粒较多时,应在金属孔板上加铺厚约2 cm的粗砂过渡层,防止实验时细粒流失,并量出过渡层厚度。

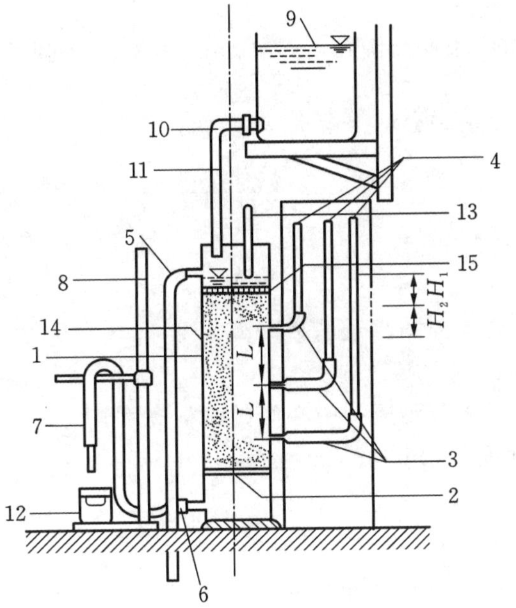

图 2-22 常水头渗透装置

1—封底金属圆筒；2—金属孔板；3—测压孔；4—玻璃测压管；5—溢水孔；6—渗水孔；7—调节管；8—滑动支架；9—供水瓶；10—供水管；11—止水夹；12—容量为 500 mL 的量筒；13—温度计；14—试样；15—砾石层；L—渗径；H_1，H_2—水头差

④ 每层试样装好后，连接供水管和调节管，并从调节管中进水，微开止水夹，使试样逐渐饱和。当水面与试样顶面齐平时，关闭止水夹。饱和时水流不应过急，以免冲动试样。

⑤ 按本条第①款至第④款的规定逐层装试样，至试样高出上测压孔 3～4 cm 为止。在试样上端铺厚约 2 cm 砾石作缓冲层。待最后一层试样饱和后，继续使水位缓缓上升至溢水孔。当有水溢出时，关闭止水夹。

⑥ 试样装好后测量试样顶部至仪器上口的剩余高度，计算试样净高。称取剩余试样质量，准确至 1.0 g，计算装入试样的总质量。

⑦ 静置数分钟后，检查各测压管水位是否与溢水孔齐平。若不齐平，说明试样中或测压管接头处有集气阻隔，用吸水球进行吸水排气处理。

⑧ 提高调节管，使其高于溢水孔，然后将调节管与供水管分开，并将供水管置于金属圆筒内。打开止水夹，使水由上部注入金属圆筒内。

⑨ 降低调节管口，使其位于试样上部 1/3 高度处，这样可形成水位差，从而使水渗入试样，再经调节管流出。在渗透过程中应调节止水夹，使供水管流量略多于溢出水量。溢水孔应始终有余水溢出，以保持常水位。

⑩ 测压管水位稳定后，记录测压管水位，计算各测压管间的水位差。

⑪ 启动秒表，同时用量筒接取经一定时间的渗透水，并重复 1 次。接取渗透水时，调节管口不得浸入水中。

⑫ 测记进水与出水处的水温，取平均值。

⑬ 将调节管口降低至试样中部及下部 1/3 处，以改变水力坡降，按本条第⑨款至第⑫

款规定重复进行测定。

⑭ 根据需要,可装数个不同孔隙比的试样进行渗透系数的测定。

(4) 结果计算

① 常水头渗透实验的渗透系数按下列公式计算:

$$k_T=\frac{2QL}{At(H_1+H_2)} \tag{2.37}$$

$$k_{20}=k_T\frac{\eta_T}{\eta_{20}} \tag{2.38}$$

式中 k_T——水温 T ℃时试样的渗透系数(cm/s);

Q——时间 t 内的渗透水量(cm^3);

L——渗径(cm),等于两测压孔中心间的试样高度;

A——试样的断面面积(cm^2);

t——时间(s);

H_1,H_2——水位差(cm);

k_{20}——标准温度(20 ℃)时试样的渗透系数(cm/s);

η_T——T ℃时水的动力黏滞系数($\times10^{-6}$ kPa·s);

η_{20}——20 ℃时水的动力黏滞系数($\times10^{-6}$ kPa·s)。

比值 η_T/η_{20} 与温度的关系按表 2-5 执行。

② 渗透系数的最大允许平行差值应为 $\pm2.0\times10^{-n}$ cm/s,在测得的结果中取 3~4 个在允许差值范围内的数据,求得其平均值,作为试样在该孔隙比时的渗透系数。

③ 当进行不同孔隙比下的渗透实验时,可在半对数坐标上绘制以孔隙比为纵坐标、渗透系数为横坐标的 e-k 关系曲线图。

(5) 实验记录

常水头渗透实验记录见附表 19。

2.7.2 变水头渗透实验

该方法适用于细粒土,即黏性土。在黏性土中,土颗粒周围存在着结合水,结合水因受到分子引力作用而呈现黏滞性。因此,黏土中自由水的渗流受到结合水的黏滞作用而产生很大阻力,只有克服结合水的抗剪强度后才能开始渗流。克服此抗剪强度所需要的水头梯度,称为黏土的起始水头梯度。

变水头渗透实验是在水头压力变化的情况下,通过测定一定时间内的渗透量从而得到土的渗透系数。土的渗透性与土的强度、变形有着密切的联系,在水坝稳定与地基渗流分析、基坑开挖的降水排水、软弱地基的沉降固结等方面有着重要意义。

(1) 实验目的

测定细粒土的渗透系数,评价土的渗透性。

(2) 仪器设备

① 变水头渗透装置(图 2-23):由渗透容器、变水头管、供水瓶、进水管等组成。变水头管的内径应根据试样渗透系数选择不同尺寸,且不宜大于 1 cm,长度应为 1.0 m 以上,分度

值为 1.0 mm。渗透容器由环刀、套筒、透水板及上、下盖组成。

② 其他：切土器、秒表、温度计、修土刀、凡士林。

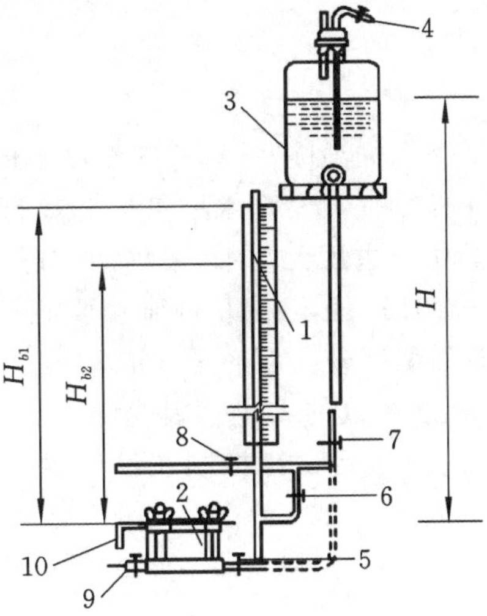

图 2-23 变水头渗透装置

1—变水头管；2—渗透容器；3—供水瓶；4—接水源管；
5，6，7，8—进水管夹；9—排气管；10—出水管

（3）实验步骤

① 用环刀在垂直或平行土样层面切取原状试样或扰动土制成给定密度的试样，进行充分饱和。切土时，应尽量避免结构扰动，不得用修土刀反复涂抹试样表面。

② 在容器套筒内壁涂一薄层凡士林，并将盛有试样的环刀推入套筒，压入止水垫圈。把挤出的多余凡士林小心刮净，装好带有透水板的上、下盖，并用螺丝拧紧，不得漏气、漏水。

③ 把装好试样的渗透容器与水头装置连通。利用供水瓶中的水充满进水管，水头高度根据试样结构的疏松程度确定，不应大于 2 m，待水头稳定后注入渗透容器。打开排气阀，将容器侧立，排除渗透容器底部的空气，直至溢出水中无气泡。关闭排气阀，放平渗透容器。

④ 将装好试样且已经放平的渗透容器在一定水头作用下静置一段时间，待出水管口有水溢出时，再开始进行实验测定。

⑤ 将水头管充水至需要高度后，关闭进水管夹，打开时记录变水头管中起始水头高度和起始时间，按预定时间间隔测记水头和时间的变化，并测记出水口的水温。如此连续测记 2～3 次后，再使变水头管水位回升至需要高度，连续测记数次，重复实验 5～6 次以上。

（4）结果计算

变水头渗透实验的渗透系数分别按式(2.39)、式(2.38)计算，即

$$k_T = 2.3\frac{aL}{At}\lg\frac{H_{b1}}{H_{b2}} \tag{2.39}$$

式中 a——变水头管截面面积(cm^2)；

L——渗径(cm)，等于试样高度；

H_{b1}——开始时水头(cm)；

H_{b2}——终止时水头(cm)。

(5) 实验记录

变水头渗透实验记录见附表20。

2.7.3 注意事项

(1) 本实验应以水温20 ℃为标准温度,计算标准温度下的渗透系数。

(2) 水中含气对渗透系数的影响,主要是水中气体分离,形成气泡堵塞土的孔隙,致使渗透系数逐渐降低。因此,实验中要求用无气水,最好用实际作用于土中的天然水。《土工试验方法标准》(GB/T 50123—2019)规定采用的纯水要脱气,并规定水温高于室温3～4 ℃,目的是避免水进入试样时因温度升高而产生气泡。

(3) 土的孔隙大小决定着渗透系数的大小。因此测定渗透系数时,必须说明与渗透系数相适应的土的密实状态。实验时应将试样控制在设计要求的孔隙比下再测定其渗透系数,否则实验结果的实用意义不大。

(4) 变水头渗透实验使用的仪器设备除应使实验结果可靠合理、结构简单外,还要求止水严密、易于排气。

(5) 试样饱和是变水头渗透实验的重要前提,土样的饱和度愈小,土的孔隙内残留气体愈多,则土的有效渗透面积愈小。同时,由于气体因孔隙水压的变化而胀缩,因而饱和度的影响成为一个不定因素。为了保证实验准确度,要求试样必须饱和。

(6) 变水头渗透系数的计算公式是根据达西定律,利用同一时间内经过土样的渗流量与变水头管流量相等推导而得的,求得的渗透系数也是测试温度下的渗透系数,同样需要校正到标准温度下的渗透系数。

2.7.4 实验思考题

(1) 影响土的渗透性的因素有哪些?

(2) 常水头渗透实验和变水头渗透实验的主要区别是什么?各适用于什么土?

(3) 为什么实验中要用无气水?为什么要求无气水的温度比室温高?

2.8 固结实验

土在外荷载的作用下,其孔隙间的水和空气逐渐被挤出,土的骨架颗粒之间相互挤紧,封闭气泡的体积也将缩小,从而引起土层的压缩变形。土在外力作用下体积缩小的特性称为土的压缩性。

土的压缩量的大小与土样上所施加的荷载大小、土样的性质及状态有关。如在相同的荷载作用下,软土的压缩量大,而坚硬密实的土则压缩量小;又如在同一种土样的条件下,压缩量随着荷载的增大而增加。

固结实验就是将天然状态下的原状土或人工制备的扰动土制备成一定规格的土样,然后将土样置于固结仪容器内,逐级施加荷载,测定试样在侧限与轴向排水条件下的压缩变形,绘制孔隙比-压力关系曲线、变形-时间关系曲线,并计算土的压缩系数、压缩模量、体积压缩系数、压缩指数、回弹指数、固结系数等指标。

土的固结实验有标准固结实验和快速固结实验。土样应为饱和的细粒土，当只进行压缩实验时，可用非饱和土。对于非饱和土，固结实验只用于测定压缩性指标，不能用于测定固结系数。渗透性较大的细粒土可进行快速固结实验。

2.8.1　标准固结实验

(1) 实验目的

测定土的压缩性指标（如压缩系数、压缩指数、压缩模量等）和固结系数，评价土的压缩性，为计算地基变形和建筑物沉降量提供依据。

(2) 仪器设备

① 固结容器（图 2-24）：由环刀、护环、透水板、加压上盖和量表架等组成。环刀、透水板的技术性能和尺寸参数应符合现行行业标准 SL370《土工实验仪器 环刀》及相关标准的规定。

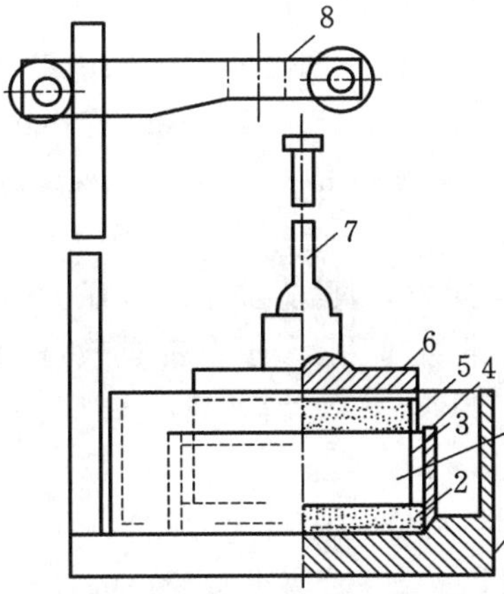

图 2-24　固结容器示意图

1—水槽；2—护环；3—环刀；4—导环；5—透水板；
6—加压上盖；7—位移计导杆；8—位移计架；9—试样

② 加压设备：可采用量程为 5～10 kN 的杠杆式、磅秤式或其他加压设备，其最大允许平行误差应符合现行国家标准 GB/T 4935.1《土工试验仪器 固结仪 第 1 部分：单杠杆固结仪》、GB/T 4935.2《土工试验仪器　固结仪 第 2 部分：气压式固结仪》的有关规定。

③ 变形测量设备：百分表量程 10 mm，分度值为 0.01 mm，或最大允许平行误差应为 ±0.2%*FS*(Full Scale，满量程)的位移传感器。

④ 其他：修土刀、钢丝锯、天平、秒表。

(3) 实验步骤

① 根据工程需要，切取原状土试样或制备给定密度与含水率的扰动土试样。制备方法应按第 1.4.4.1 节规定执行。

② 应先将土样调成液限或 1.2～1.3 倍液限的土膏，拌和均匀，在保湿器内静置 24 h。然后把环刀倒置于小玻璃板上，用修土刀把土膏填入环刀，排除气泡，刮平，称量。

③ 试样的含水率及密度的测定应符合第 2.1.1 节、第 2.1.2 节的规定。

④ 在固结容器内放置护环、透水板和薄滤纸，将带有环刀的试样小心装入护环，然后在试样上放薄滤纸、透水板和加压盖板，置于加压框架下，对准加压框架的正中，安装量表。

⑤ 为保证试样与仪器上下各部件之间接触良好，应施加 1 kPa 的预压压力，然后调整量表，使读数为零。

⑥ 确定需要施加的各级压力。加压等级宜为 12.5 kPa、25 kPa、50 kPa、100 kPa、200 kPa、400 kPa、800 kPa、1600 kPa、3200 kPa。最后一级的压力应比上覆土层的计算压力大 100～200 kPa。

⑦ 需要确定原状土的先期固结压力时，加压率宜小于 1，可采用 0.5 或 0.25。最后一级压力应使 e-lg$p$ 曲线下段出现较长的直线段。

⑧ 第一级压力的大小视土的软硬程度宜采用 12.5 kPa、25 kPa 或 50 kPa(第一级实加压力应减去预压压力)。只需测定压缩系数时，最大压力不小于 400 kPa。

⑨ 如系饱和试样，则待施加第一级压力后，立即向水槽中注水至满。对非饱和试样，须用湿棉花围住加压盖板四周，避免水分蒸发。

⑩ 需测定沉降速率时，加压后宜按下列时间顺序测记量表读数：6 s、15 s、1 min、2 min 15 s、4 min、6 min 15 s、9 min、12 min 15 s、16 min、20 min 15 s、25 min、30 min 15 s、36 min、42 min 15 s、49 min、64 min、100 min、200 min、400 min、23 h 和 24 h，至稳定为止。

⑪ 当无须测定沉降速率时，稳定标准规定为每级压力下固结 24 h，或试样变形每小时变化不大于 0.01 mm。测记稳定读数后，再施加第二级压力，依次逐级加压至实验结束。

⑫ 需要做回弹实验时，可在某级压力(大于上覆有效压力)下固结稳定后卸压，直至卸至第一级压力。每次卸压后的回弹稳定标准与加压时相同，并测记每级压力及最后一级压力时的回弹量。

⑬ 需要做次固结沉降实验时，可在主固结实验结束后继续实验，至固结稳定为止。

⑭ 实验结束后，迅速拆除仪器各部件，取出带环刀的试样。需测定实验后含水率时，则用干滤纸吸去试样两端表面上的水，测定其含水率。

(4) 结果计算

① 试样的初始孔隙比按下式计算：

$$e_0=\frac{\rho_w G_s(1+0.01w_0)}{\rho_0}-1 \tag{2.40}$$

式中 e_0——初始孔隙比；

w_0——试样的初始含水率(%)；

G_s——土粒比重；

ρ_w——4 ℃时水的密度(g/cm^3)；

ρ_0——试样的初始湿密度(g/cm^3)。

② 各级压力下固结稳定后的孔隙比 e_i 按下式计算：

$$e_i=e_0-(1+e_0)\frac{\sum \Delta h_i}{h_0} \tag{2.41}$$

式中 e_i—— 某级压力下的孔隙比；

h_0—— 试样的初始高度(20 mm);

$\sum \Delta h_i$—— 某级压力下试样固结稳定后的总变形量(mm),等于该级压力下固结稳定读数与初始读数之差,再减去仪器在该级压力下的变形量。

③ 某一压力范围内的压缩系数 a_v 按下式:

$$a_v = \frac{e_i - e_{i+1}}{p_{i+1} - p_i} \times 10^3 \tag{2.42}$$

式中 a_v——压缩系数(MPa^{-1});

p_i——某级压力值(kPa)。

④ 某一压力范围内的压缩模量 E_s 和体积压缩系数 m_v 分别按式(2.43)、式(2.44)计算:

$$E_s = \frac{1+e_0}{a_v} \tag{2.43}$$

$$m_v = \frac{1}{E_s} = \frac{a_v}{1+e_0} \tag{2.44}$$

式中 E_s——压缩模量(MPa);

m_v——体积压缩系数(MPa^{-1})。

⑤ 压缩指数 C_c 及回弹指数 C_s(C_c 即 e-lg$p$ 曲线直线段的斜率;用同样的方法在回弹支上求其平均斜率,即 C_s)按下式计算:

$$C_c \text{ 或 } C_s = \frac{e_i - e_{i+1}}{\lg p_{i+1} - \lg p_i} \tag{2.45}$$

⑥ 以孔隙比 e 为纵坐标、单位压力 p 为横坐标,绘制孔隙比与单位压力的关系曲线。

⑦ 原状土的先期固结压力 p_c 按下列方法确定:

原状土的先期固结压力 p_c 的确定方法可按图 2-25 执行,采用适当比例的纵横坐标作 e-lg$p$ 曲线,在曲线上找出最小曲率半径 R_{min} 点 O。过 O 点作水平线 OA、切线 OB 及 $\angle AOB$ 的平分线 OD,OD 与曲线的直线段 C 的延长线交于点 E,则对应于点 E 的压力值即为该原状土的先期固结压力。

⑧ 固结系数 C_v 按下列方法求算:

a. 时间平方根法:对于某一压力,以量表读数 d(mm)为纵坐标、时间平方根 $\sqrt{t}$ 为横坐标,绘制 d-$\sqrt{t}$ 曲线(图 2-26)。延长 d-$\sqrt{t}$ 曲线开始段的直线,交纵坐标轴于 d_s(d_s 为理论零点)。过 d_s 绘制另一直线,令其横坐标为前一直线横坐标的 1.15 倍,则后一直线与 d-$\sqrt{t}$ 曲线交点所对应的时间平方根即为试样固结度达 90%所需的时间 t_{90}。该压力下的固结系数 C_v 按式(2.46)计算。

$$C_v = \frac{0.848\bar{h}^2}{t_{90}} \tag{2.46}$$

式中 C_v——固结系数(cm^2/s);

$\bar{h}$——最大排水距离(cm),等于某一压力下试样初始与终了高度的平均值的一半。

b. 时间对数法:对于某一压力,以量表读数 d(mm)为纵坐标、时间 t(min)为横坐标,绘制 d-lg$t$ 曲线(图 2-27)。延长 d-lg$t$ 曲线开始段的直线,选任一时间 t_1,相对应的量表读数

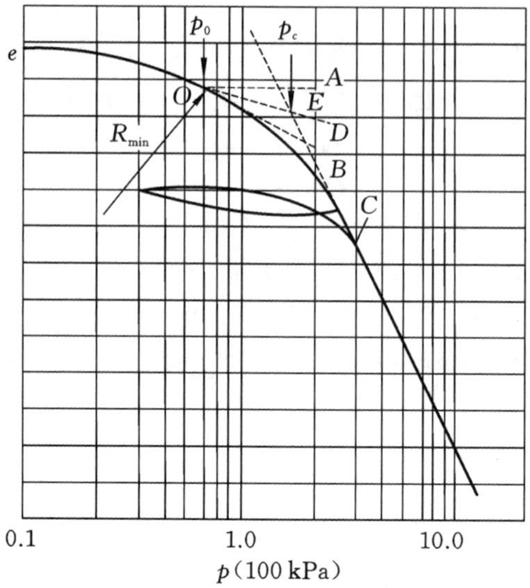

图 2-25　e-lg$p$ 曲线和求 p_c 示意图

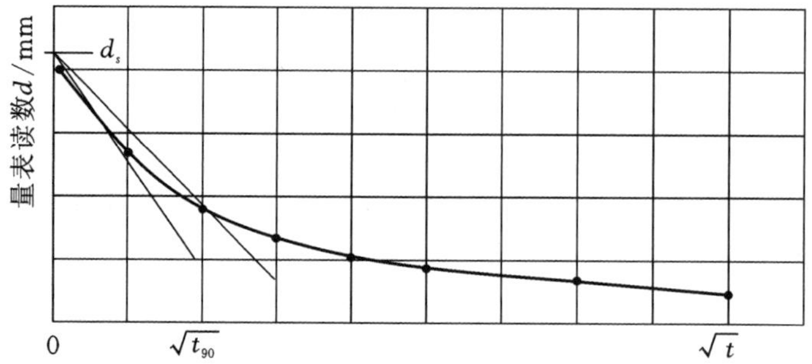

图 2-26　时间平方根法求 t_{90}

(图中 t 的单位为 min)

为 d_1,再取时间 $t_2=\frac{t_1}{4}$,相对应的量表读数为 d_2,则 $2d_2-d_1$ 之值为 d_{01}。如此再选取另一时间,按同样的方法求得 d_{02}、d_{03}、d_{04} 等,取其平均值,即为理论零点 d_0。延长曲线中部的直线段和通过曲线尾部数点切线的交点,即为理论终点 d_{100},则 $d_{50}=\frac{d_0+d_{100}}{2}$,对应于 d_{50} 的时间即为试样固结度达到 50%所需的时间 t_{50}。该压力下的固结系数 C_v 按式(2.47)计算。

$$C_v=\frac{0.197\bar{h}^2}{t_{50}} \tag{2.47}$$

式中　t_{50}——固结度达到 50%所需的时间(s)。

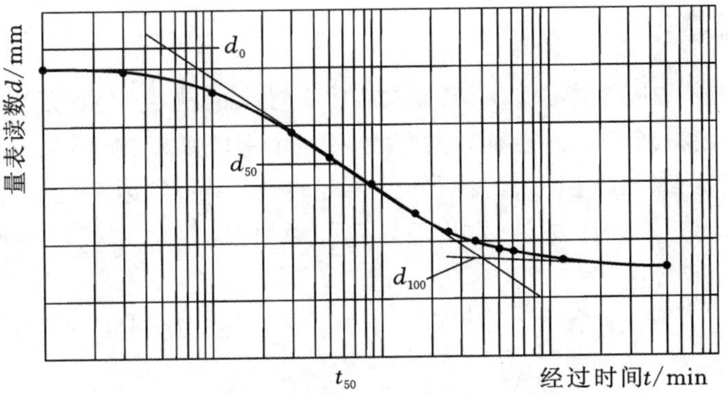

图 2-27　时间对数法求 t_{50}

(5) 实验记录

实验记录见附表 21 和附表 22。

2.8.2　快速固结实验

(1) 实验目的

测定土的压缩性指标(如压缩系数、压缩模量等),评价土的压缩性,为计算地基变形和建筑物沉降量提供依据。

(2) 仪器设备

仪器设备应符合第 2.8.1 节(2)项规定。

(3) 实验步骤

实验步骤应按第 2.8.1 节(3)项第①款至第⑥款、第⑧款、第⑨款和第⑭款执行。

(4) 结果计算

① 计算过程与第 2.8.1 节(4)项第①款至第④款相同。

② 对快速法所得的实验结果,当需要校正时,各级压力下试样校正后的总变形量按下式计算:

$$\sum \Delta h_i = (h_i)_t \frac{(h_n)_{tw}}{(h_n)_t} \tag{2.48}$$

式中　$\sum \Delta h_i$—— 某一压力下校正后的总变形量(mm);

$(h_i)_t$—— 某一压力下固结 1 h 的总变形量减去该压力下的仪器变形量(mm);

$(h_n)_{tw}$—— 最后一级压力下达到稳定标准的总变形量减去该压力下的仪器变形量(mm);

$(h_n)_t$—— 最后一级压力下固结 1 h 的总变形量减去该压力下的仪器变形量(mm)。

③ 以孔隙比 e 为纵坐标、单位压力 p 为横坐标,绘制孔隙比与单位压力的关系曲线。

(5) 实验记录

实验记录见附表 23。

2.8.3 注意事项

(1) 对原状试样的固结实验,在切削试样时若对土的扰动程度较大,则影响实验成果。操作中,不允许直接将环刀压入土样,应用钢丝锯(或薄口锐刀)按略大于环刀的尺寸沿土样外缘切削,当土样的直径接近环刀的内径时,再轻轻压下环刀,边削边压;也不允许在削去环刀两端余土时,用环刀来回涂抹土面,从而导致孔隙堵塞,最好用钢丝锯慢慢地一次性割去多余的土样。

(2) 加载时,应按顺序加砝码。实验中不要振动实验台,以免变形测量设备(如百分表指针)产生移动。

2.8.4 实验思考题

(1) 土的固结过程受到哪些因素的影响?如何通过实验结果分析和确定这些因素对土的固结性能的影响?

(2) 固结实验中的压力-变形曲线和孔隙比-压力曲线分别反映了什么问题?如何通过这些曲线分析土的固结特性?

(3) 固结实验中的时间因素是如何影响土的固结过程的?如何通过实验结果分析时间对土的固结特性的影响?

2.9 无侧限抗压强度实验

无侧限抗压强度实验是试样在侧向无压力限制的情况下,对其逐渐增加轴向压力,直至破坏。试样达到破坏时的轴向应力称为无侧限抗压强度。

无侧限抗压强度实验是三轴实验的一个特例,即将土样置于不受侧向限制的条件下进行的压力实验,此时土样所受的小主应力 $\sigma_3=0$,而大主应力 σ_1 的极限值即为无侧限抗压强度,通常以 q_u 表示。根据莫尔强度理论,应有:

$$\sigma_1=q_u=2c\cdot\tan\left(45°+\frac{\varphi}{2}\right) \tag{2.49}$$

对于饱和软黏土,土的内摩擦角 $\varphi=0°$,即土在不排水条件下,土的破坏角(与 σ_3 平面夹角)为 45°,故有:

$$\tan\left(45°+\frac{\varphi}{2}\right)=1 \tag{2.50}$$

饱和软黏土的抗剪强度:

$$\tau_f=\frac{q_u}{2} \tag{2.51}$$

对于饱和软黏土的无侧限抗压强度,原则上等同于三轴压缩实验中 UU 实验(不固结不排水剪切实验)的饱和黏土强度。与直接剪切实验相比,由于破坏面是沿着黏土的最软弱部分发生的,所以能够获得较均匀的应力-应变曲线。

黏性土的触变性常以灵敏度来表示,即

$$S_t = \frac{q_u}{q_u'} \tag{2.52}$$

式中 q_u, q_u'——原状土和重塑土的无侧限抗压强度(N/mm^2)。

灵敏度是在含水率不变的条件下,由于结构受到破坏,使黏性土的抗压强度削弱的程度。灵敏度愈大,土结构破坏损失的强度就愈大。

2.9.1 实验目的

通过测定土的无侧限抗压强度,确定天然地基的强度参数和灵敏度。

2.9.2 仪器设备

(1) 应变控制式无侧限压缩仪(图 2-28):包括负荷传感器或测力计、加压框架及升降螺杆等。应根据土的软硬程度选用不同量程的负荷传感器或测力计。

(2) 位移传感器或位移计(百分表):量程 30 mm,分度值 0.01 mm。

(3) 天平:称量 1000 g,分度值 0.1 g。

(4) 切土器:同三轴压缩实验专用工具。

(5) 重塑筒:筒身应可以拆成两半,内径应为 3.5～4.0 mm,高应为 80 mm。

(6) 其他设备包括秒表、厚约 0.8 cm 的铜垫板、卡尺、切土盘、直尺、修土刀、钢丝锯、薄塑料布、凡士林。

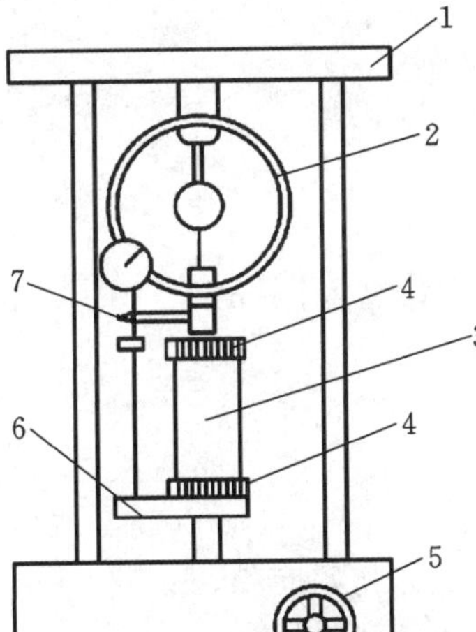

图 2-28 应变控制式无侧限压缩仪示意图

1—轴向加压架;2—轴向测力计;3—试样;4—传压板;
5—手轮或电动转轮;6—升降板;7—轴向位移计

2.9.3 实验步骤

(1) 将原状土样(土样制备按第 3.1.4 节的规定进行)按天然土层的方向置于切土器中,用修土刀或钢丝锯仔细切削,边转边削,直到切成所需的直径为止。

(2) 从切土器中取出试样，在承模筒中削去两端多余土样。试样直径可为 3.5～4.0 cm，试样高度宜为 8.0 cm。

(3) 在试样两端抹一薄层凡士林，当气候干燥时，试样侧面亦需抹一薄层凡士林，以防止水分蒸发。

(4) 将试样放在下加压板上，升高下加压板，使试样与上加压板刚好接触。将轴向位移计、轴向测力读数均调至零位。

(5) 下加压板宜以每分钟轴向应变为 1%～3% 的速率上升，使实验在 8～10 min 内完成。

(6) 轴向应变小于 3%时，每 0.5%应变测记轴向力和轴向位移读数 1 次；轴向应变达 3%以后，每 1%应变测记轴向位移和轴向力读数 1 次。

(7) 当轴向力的读数达到峰值或读数稳定时，应再进行 3%～5%的轴向应变值即可停止实验；当读数无稳定值时，实验应进行到轴向应变达 20%为止。

(8) 实验结束后，迅速下降下加压板，取下试样，描述破坏后形状，测量破坏面倾角。

(9) 当需要测定灵敏度时，应立即将破坏后的试样除去涂有凡士林的表面，加入少量切削余土，包于塑料薄膜内用手搓捏，破坏其结构，重塑成圆柱状并放入重塑筒内，用金属垫板将试样挤成与原状试样密度、体积相等的试样。然后按本条第(4)款至第(8)款的规定进行实验。

2.9.4 结果计算

(1) 试样的轴向应变按下式计算：

$$\varepsilon_1 = \frac{\Delta h}{h_0} \times 100 \tag{2.53}$$

式中 ε_1——轴向应变(%)；

h_0——实验前试样高度(初始高度，mm)；

Δh——试样轴向变形(mm)。

(2) 试样的平均断面面积 A_a 按下式计算：

$$A_a = \frac{A_0}{1 - 0.01\varepsilon_1} \tag{2.54}$$

式中 A_0——实验前试样面积(试样初始面积，cm^2)。

(3) 试样所受的轴向应力按下式计算：

$$\sigma = \frac{CR}{A_a} \times 10 \tag{2.55}$$

式中 σ——轴向应力(kPa)；

C——测力计率定系数[N/(0.01 mm)]；

R——测力计读数(0.01 mm)。

(4) 以轴向应力为纵坐标、轴向应变为横坐标，绘制应力-应变曲线(图 2-29)。取曲线上的最大轴向应力作为无侧限抗压强度 q_u。最大轴向应力不明显时，取轴向应变为 15%对应的应力作为无侧限抗压强度 q_u。

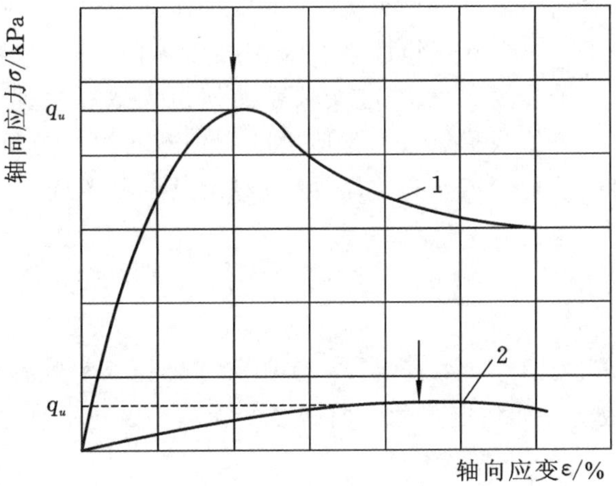

图 2-29 轴向应力与轴向应变关系曲线

1—原状试样；2—重塑试样

(5) 灵敏度按下式计算：

$$S_t = \frac{q_u}{q_u'} \tag{2.56}$$

式中 S_t——灵敏度；

q_u——原状试样的无侧限抗压强度(kPa)；

q_u'——重塑试样的无侧限抗压强度(kPa)。

2.9.5 实验记录

实验记录见附表 24。

2.9.6 注意事项

(1) 试样高度与直径的比值对无侧限抗压强度实验值有很大影响。比值较大的试样，待加荷后往往发生歪斜，得出较小的结果；反之，比值较小时，由于试样两端受加压板的约束，在两端附近各形成一锥状的不变形区域，致使试样内产生不均匀变形，影响试样中心部位的应力分布，从而歪曲了实验结果。因此，试样的高度与直径应有适当的比值。大量实验结果表明：当试样高度与直径的比值大于 2 时，两端加压板的约束对试样中心部位应力分布的影响就较小。采用试样高度与直径的比值不小于 2 是合适的，故建议比值为 2～2.5。试样直径建议采用 3.5～4.0 cm。

(2) 当轴向荷载作用于试样时，试样与加压板之间即发生与侧向膨胀力方向相反的摩擦力。该力使两端土的侧向膨胀受到限制，故试样变成鼓状。垂直变形愈大，鼓状愈明显，这样，试样内的应力分布就不均匀。为了减少该影响，可在试样两端抹一薄层凡士林。如果气候干燥，试样侧面也可涂一薄层凡士林，以防水分蒸发。但是在做重塑土实验时，应把抹凡士林的一层土刮去。

(3) 天然结构的土经重塑后，它的结构凝聚力已全部消失。但若放置时间较久，又可以恢复一部分。放置时间愈长,恢复程度愈大。所以,试样重塑后应立即进行实验。

(4) 试样受压破坏时,一般分为脆性破坏及塑性破坏两种。脆性破坏时具有明显的破裂面,而塑性破坏时没有破裂面。应力-应变关系曲线也大致有两种:一种是具有峰值或稳定值的,另一种是不具有峰值或稳定值而是应力随应变渐增的。选择破坏值时,对于有明显峰值或稳定值的,以峰值或稳定值作为抗压强度;对于没有峰值或稳定值的,以应变 15%作为取值标准。

2.9.7 实验思考题

(1) 分析无侧限抗压强度实验、直接剪切实验和三轴压缩实验各自的特点。

(2) 黏性土的灵敏度是如何定义的?灵敏度的大小反映土的什么性质?

2.10 直接剪切实验

土在外力作用下,将产生剪应力和剪切变形,当剪应力达到一定程度时,土就沿着剪应力方向产生相对滑动,即产生剪切破坏。土体抵抗这种剪切破坏的极限能力就是土的抗剪强度。

直接剪切实验就是直接对土样进行剪切的实验,简称直剪实验,是测定土的抗剪强度的一种常用方法。通常采用 4 个试样,分别在不同的垂直压力下施加水平剪切力进行剪切,测得剪切破坏时的剪应力。然后根据库仑定律确定土的抗剪强度指标(内摩擦角和黏聚力)。

根据实验时的剪切速率和排水条件不同,直接剪切实验可分为快剪、固结快剪和慢剪三种方法。

(1) 快剪实验:试样无须排水固结稳定,在试样上施加垂直压力后立即以 0.8～1.2 mm/min的剪切速率快速施加水平剪应力,直至破坏(一般在 3～5 min 内完成)。这种方法使土粒间的有效应力维持原状,不受外力的影响。但由于无法求得土粒间有效应力的数值,所以实验结果只能求得($\sigma\tan\varphi_q+c_q$)的混合值。

(2) 固结快剪实验:在试样上施加垂直压力,待试样排水固结稳定后,再以 0.8～1.2 mm/min的剪切速率施加剪应力,直至剪坏(一般在 3～5 min 内完成)。由于时间短,剪应力所产生的超静水压力不会转化为土粒间的有效应力。用几个土样在不同垂直压力下进行固结快剪,便能求得抗剪强度参数 c_{cq} 和 φ_{cq} 值。c_{cq}、φ_{cq} 称为总应力法抗剪强度参数。

(3) 慢剪实验:在试样上施加垂直压力,待试样排水固结稳定后,再以小于 0.02 mm/min 的剪切速率施加水平剪应力,在施加剪应力的过程中,土样能充分排水,使土样内始终不产生孔隙水压力。用几个土样在不同垂直压力下进行剪切,将得到有效应力抗剪强度参数 c_s 和 φ_s 值,实验历时较长。

每种实验方法适用于一定排水条件下的土体,对应于工程所处的工作状态。因此,原则上应尽量模拟工程的实际情况,如施工情况、土层排水条件等。学生实验一般采用快剪方法。快剪实验和固结快剪实验的土样宜为渗透系数小于 1×10^{-6} cm/s 的细粒土。

2.10.1 实验目的

测定土样在不同垂直压力下的抗剪强度，进而求得内摩擦角和黏聚力，为计算地基承载力和土压力、评价地基及边坡的稳定性等提供参数。

2.10.2 仪器设备

(1) 应变控制式直剪仪(图 2-30)：包括剪切盒(水槽、上剪切盒、下剪切盒)，垂直加压框架，负荷传感器或测力计及推动机构等，其技术条件应符合现行国家标准 GB/T 15406《岩土工程仪器基本参数及通用技术条件》的规定。

(2) 位移传感器或位移计(百分表)：量程 5～10 mm，分度值 0.01 mm。

(3) 天平：称量 500 g，分度值 0.1 g。

(4) 环刀：内径 6.18 cm，高 2 cm。

(5) 其他：饱和器、修土刀或钢丝锯、秒表、滤纸、直尺。

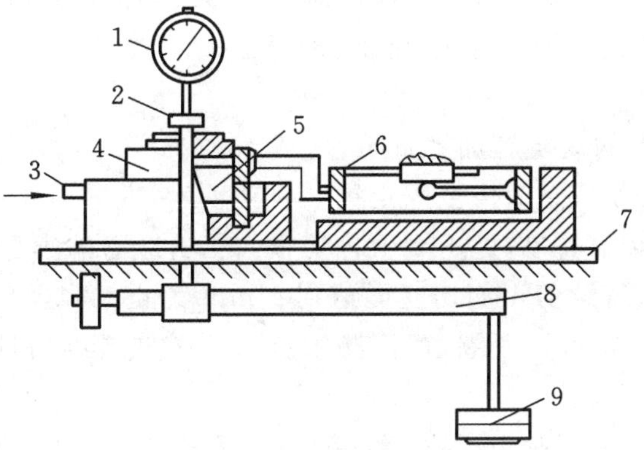

图 2-30 应变控制式直剪仪结构示意图

1—垂直变形百分表；2—垂直加压框架；3—推动座；4—剪切盒；
5—试样；6—测力计；7—台板；8—杠杆；9—砝码

2.10.3 操作步骤

2.10.3.1 试样制备

(1) 黏性土试样制备

① 从原状土样中切取原状土试样或制备给定干密度及含水率的扰动土试样。制备方法应符合第 1.4.4.2 节的规定。

② 测定试样的含水率及密度(应符合第 2.1.1.1 节和第 2.1.2.1 节的规定)。试样需要饱和时，应按第 1.5 节规定的方法进行抽气饱和。

(2) 砂类土试样制备

① 取过 2 mm 筛孔的代表性风干砂样 1200 g 备用。按要求的干密度称取每个试样所需的风干砂量，准确至 0.1 g。

② 对准上下盒，插入固定销，将洁净的透水板放入剪切盒内。

③ 将准备好的砂样倒入剪切盒内，拂平表面并放上一块硬木块，用手轻轻敲打，使试样达到要求的干密度，然后取出硬木块。

2.10.3.2　垂直压力

垂直压力应符合下列规定：每组实验应取 4 个试样，在 4 种不同垂直压力下进行剪切实验。可根据工程实际和土的软硬程度施加各级垂直压力，垂直压力的各级差值要大致相等。也可取垂直压力分别为 100 kPa、200 kPa、300 kPa、400 kPa，各垂直压力可一次轻轻施加。若土质松软，也可分级施加，以防试样挤出。

2.10.3.3　试样安装与剪切

(1) 快剪实验

① 对准上下盒，插入固定销。在下盒内放不透水板，将装有试样的环刀平口向下，对准剪切盒口，在试样顶面放不透水板，然后将试样徐徐推入剪切盒内，移去环刀。对砂类土，按第 2.10.3.1 节第(2)款的规定制备和安装试样。

② 转动手轮，使上盒前端钢珠刚好与负荷传感器或测力计接触。将负荷传感器或测力计读数调整为零。顺次加上加压盖板、钢珠、加压框架，安装垂直位移传感器或位移计，测记起始读数。

③ 按第 2.10.3.2 节的规定施加垂直压力。

④ 待施加垂直压力后，立即拔去固定销。启动秒表，宜采用 4～6 r/min 的均匀转速旋转手轮(或电动手轮)，使试样在 3～5 min 内剪损。当剪应力的读数达到稳定或有显著后退时，表示试样已剪损，宜继续剪至剪切变形达到 4 mm 为止。当剪应力读数继续增加时，剪切变形应达到 6 mm，手轮每转一圈，都需测记负荷传感器或测力计读数，并根据需要测记垂直位移读数，直至剪损为止。

⑤ 剪切结束后吸去剪切盒中积水，倒转手轮，移去垂直压力、框架、钢珠、加压盖板等，取出试样。需要时，测定剪切面附近土的含水率。

(2) 固结快剪实验

① 试样安装和定位应符合本条第(1)款第①项、第②项的规定。试样上下两面的不透水板改放湿滤纸和透水板。

② 当试样为饱和样时，待施加垂直压力 5 min 后，往剪切盒水槽内注满水；当试样为非饱和土时，仅在活塞周围包以湿棉花，防止水分蒸发。

③ 在试样上施加规定的垂直压力后，测记垂直变形读数。当每小时垂直变形读数变化不大于 0.005 mm 时，认为已达到固结稳定。试样也可在其他仪器上固结，然后移至剪切盒内，继续固结至稳定后，再进行剪切。

④ 试样达到固结稳定后，剪切应按本条第(1)款第④项执行，剪切后取试样，测定剪切面附近试样的含水率。

(3) 慢剪实验

① 安装试样应符合本条第(1)款第①项、第②项的规定；试样固结应符合本条第(2)款第①项至第③项的规定。待试样固结稳定后进行剪切，剪切速率应小于 0.02 mm/min。也可按下式估算剪切破坏时间：

$$t_f = 50t_{50} \tag{2.57}$$

式中　t_f——达到破坏所经历的时间(min)；

t_{50}——固结度达到50%的时间(min)。

② 剪损标准按本条第(1)款第④项的规定选取。

③ 按本条第(1)款第⑤项的规定拆卸试样并测定含水率。

2.10.4　结果计算

(1) 试样的剪应力 τ 按下式计算：

$$\tau = \frac{CR}{A_0} \times 10 \tag{2.58}$$

特别注意：如给定的测力计率定系数单位为 kPa/(0.01 mm)，则 $\tau = CR$。

(2) 以剪应力为纵坐标、剪切位移为横坐标，绘制剪应力 τ 与剪切位移 ΔL 的关系曲线(图2-31)。

(3) 若剪应力与剪切位移关系曲线中具有明显的峰值或稳定值，则取峰值或稳定值作为抗剪强度值 S，如图2-31中的曲线1及曲线2的 a 点及 b 点。若剪应力随剪切位移不断增长，无峰值或无稳定值时(如图2-31中曲线3)，则取剪切位移 $\Delta L = 4$ mm 对应的剪应力作为抗剪强度值 S。

(4) 以抗剪强度 S 为纵坐标、垂直单位压力 p 为横坐标，绘制抗剪强度 S 与垂直压力 p 的关系曲线(图2-32)。根据图上各点绘一视测的直线。直线的倾角为土的内摩擦角 φ，直线在纵坐标轴上的截距为土的黏聚力 c。各种实验方法所测得的 c、φ 值：快剪实验应表示为 c_q 及 φ_q；固结快剪实验应表示为 c_{cq} 及 φ_{cq}；慢剪实验应表示为 c_s 及 φ_s。

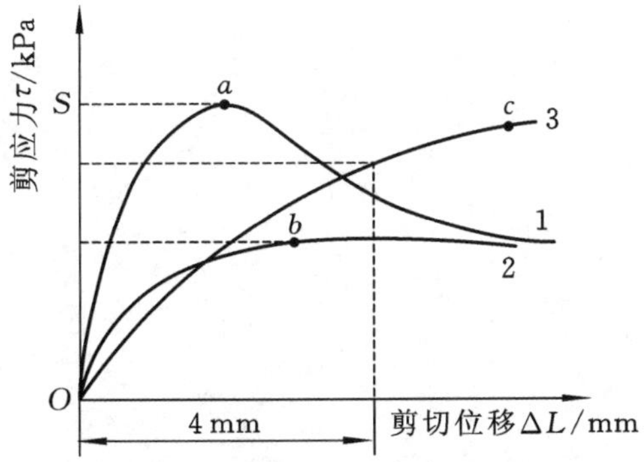

图2-31　剪应力与剪切位移关系曲线

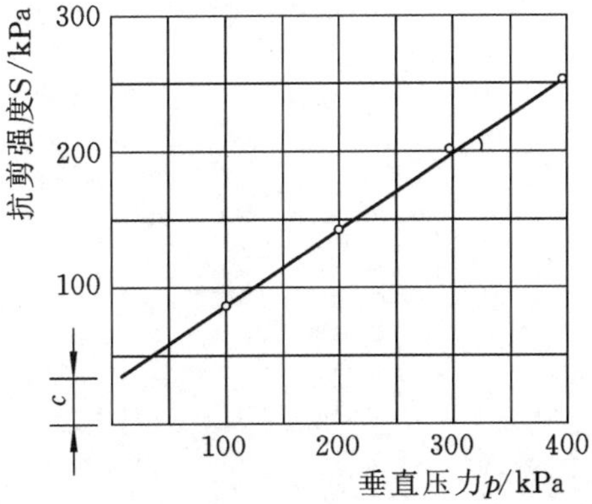

图2-32　抗剪强度与垂直压力关系曲线

2.10.5　实验记录

实验记录见附表25和附表26。

2.10.6　注意事项

(1) 对渗透性较大的土，进行快剪实验时，所得的结果若用库仑定律表示，则具有较大的内摩擦角，且总应力强度指标往往偏大。因此，对渗透系数大于 1×10^{-6} cm/s 的土不宜做快剪及固结快剪实验。

（2）固结稳定标准：每小时垂直位移读数变化不超过 0.005 mm。

（3）加荷时应轻缓，不要摇晃砝码。当土质松软时，为防止土样被挤出，应分级施加垂直压力。

（4）水平和竖直方向按要求接触，否则百分表可能不转或杠杆直接掉下来。

（5）剪切过程中要注意拔掉销钉，否则可能剪切销钉。

（6）手轮在加水平推力之前，应向后退到合适的位置，确保有足够的剪切位移。

（7）采用电动手轮时，注意不要让外力碰撞损坏感应器，并注意用电安全。

2.10.7 实验思考题

（1）砂土的黏聚力理论为零，为什么实验中还会出现？

（2）如果剪应力随着剪切位移不断增加，没有出现峰值或稳定值，应如何确定抗剪强度值？

（3）原状土中，细粒土中偶尔有夹粗粒的情况，会对数据结果产生什么影响？

（4）快剪、固结快剪和慢剪的区别是什么？其和三轴实验相比有哪些优缺点？

（5）工程中应如何选择剪切实验类型？

3 土力学拓展实验

3.1 三轴压缩实验

三轴压缩实验(亦称三轴剪切实验)是指在某一固定周围压力下,逐渐增大轴向压力,直至试样破坏的一种抗剪强度实验。

三轴压缩实验可以严格控制排水条件,可以测量土体内的孔隙水压力,另外,试样中的应力状态也比较明确,被破坏时的破裂面是在最薄弱处,而不像直剪实验那样限定在上下盒之间。同时,三轴压缩实验还可以模拟建筑物和建筑物地基的特点,以及根据设计施工的不同要求确定实验方法,因此对于特殊建筑物(构筑物)、高层建筑、重型厂房、深层地基、海洋工程、道路桥梁和交通航务等工程有着特别重要的意义。

根据土样固结排水条件和剪切时的排水条件,三轴实验可分为不固结不排水剪实验(UU)、固结不排水剪实验(CU)、固结排水剪实验(CD)等三种实验类型。

(1) 不固结不排水剪实验(UU)

在施加周围压力和随后施加偏应力直至试样被剪坏的整个实验过程中都不允许排水,这样从开始加压直至试样被剪坏,土中的含水率始终保持不变,孔隙水压力也不消散,可以测得总应力抗剪强度指标 c_u、φ_u。

(2) 固结不排水剪实验(CU)

在施加周围压力时,允许试样充分排水,待固结稳定后,再在不排水的条件下施加轴向压力,直至试样被剪切破坏,同时在受剪过程中测定土体的孔隙水压力,可以测得总应力抗剪强度指标 c_{cu}、φ_{cu} 和有效应力抗剪强度指标 c'_{cu}、φ'_{cu}。

(3) 固结排水剪实验(CD)

试样先在周围压力下排水固结,然后允许试样在充分排水的条件下增加轴向压力直至破坏,同时在实验过程中测读排水量以计算试样体积变化,可以测得有效应力抗剪强度指标 c_d、φ_d。

3.1.1 实验目的

在不同的周围压力下测得土的抗剪强度,利用摩尔-库仑破坏准则确定土的抗剪强度参数。

3.1.2 仪器设备

(1) 应变控制式三轴仪(图 3-1):由反压力控制系统、周围压力控制系统、压力室、孔隙水压力量测系统组成。

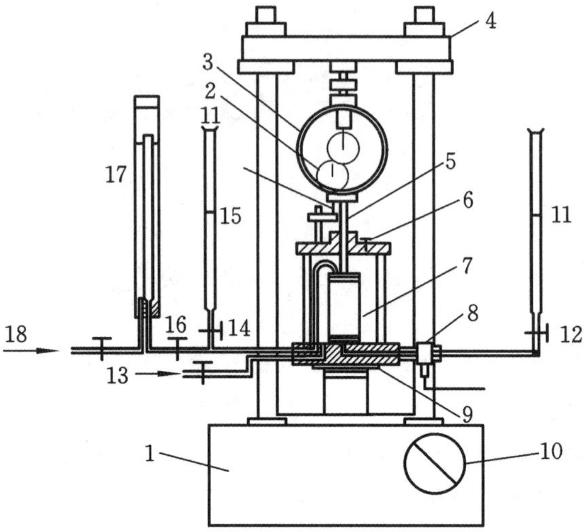

图 3-1　三轴仪示意图

1—实验机；2—轴向位移计；3—轴向测力计；4—试验机横梁；5—活塞；6—排气孔；7—压力室；8—孔隙压力传感器；9—升降台；10—手轮；11—排水管；12—排水管阀；13—周围压力；14—排水管阀；15—量水管；16—体变管阀；17—体变管；18—反压力

(2) 附属设备：

① 击实器(图 3-2)；

② 饱和器(图 3-3)；

③ 切土盘(图 3-4)；

④ 切土器和切土架(图 3-5)；

⑤ 原状土分样器(图 3-6)；

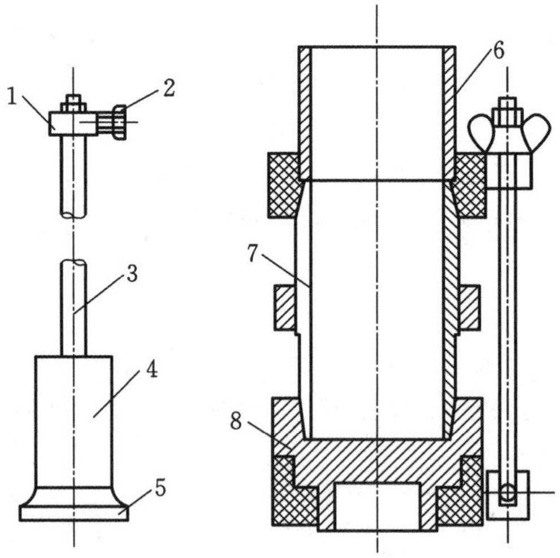

图 3-2　击实器

1—套环；2—定位螺丝；3—导杆；4—击锤；5，8—底板；6—套筒；7—饱和器

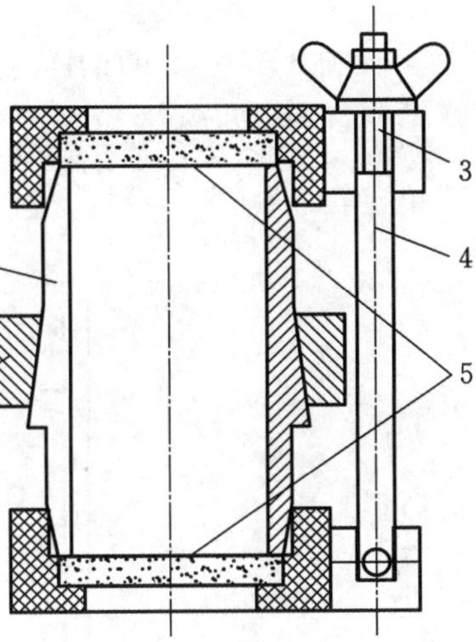

图 3-3　饱和器

1—土样筒；2—紧箍；3—夹板；4—拉杆；5—透水板

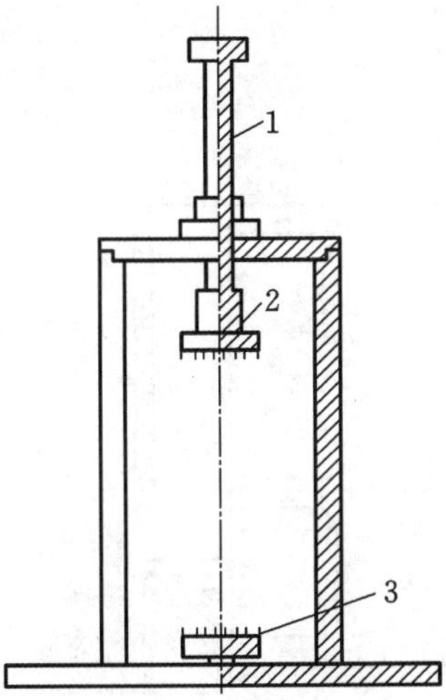

图 3-4　切土盘

1—轴；2—上盘；3—下盘

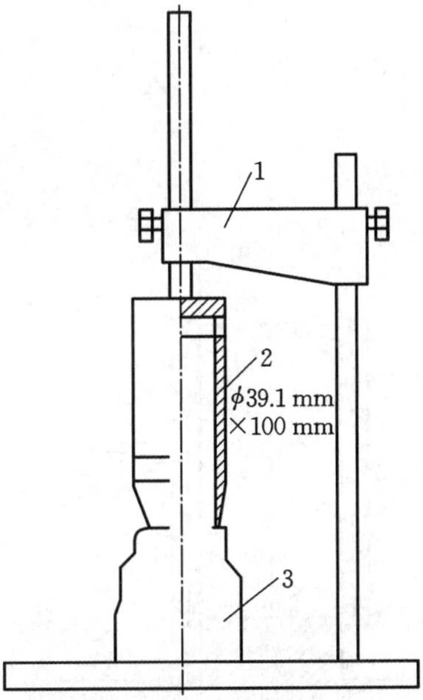

图 3-5　切土器和切土架

1—切土架；2—切土器；3—土样

⑥ 承膜筒(图 3-7)；

⑦ 制备砂样圆模(图 3-8)，用于冲填土或砂性土。

(3) 天平：称量 200 g，分度值 0.01 g；称量 1000 g，分度值 0.1 g；称量 5000 g，分度值 1 g。

(4) 负荷传感器：轴向力的最大允许平行误差为±1%。

（5）位移传感器（或量表）：量程 30 mm，分度值 0.01 mm。

（6）橡皮膜：对直径为 39.1 mm 和 61.8 mm 的试样，橡皮膜厚度宜为 0.1～0.2 mm；对直径为 101 mm 的试样，橡皮膜厚度宜为 0.2～0.3 mm。

（7）透水板：直径与试样直径相等，其渗透系数宜大于试样的渗透系数，使用前在水中煮沸并浸于水中。

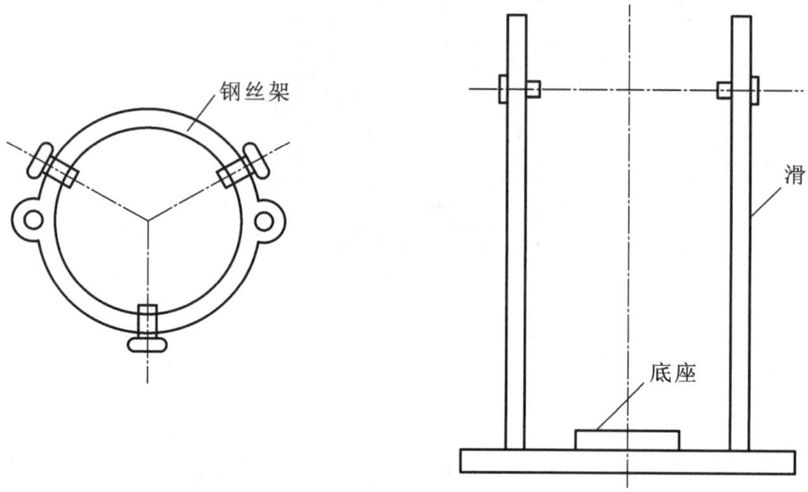

图 3-6　原状土分样器

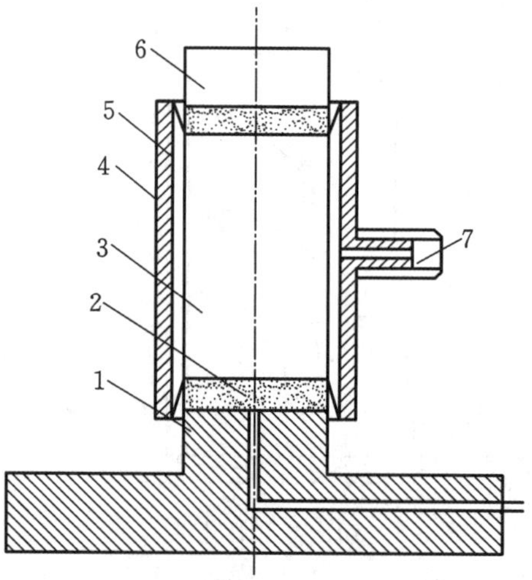

图 3-7　承膜筒安装示意图

1—压力室底座；2—透水板；3—试样；4—承膜筒；5—橡皮膜；6—上帽；7—吸气孔

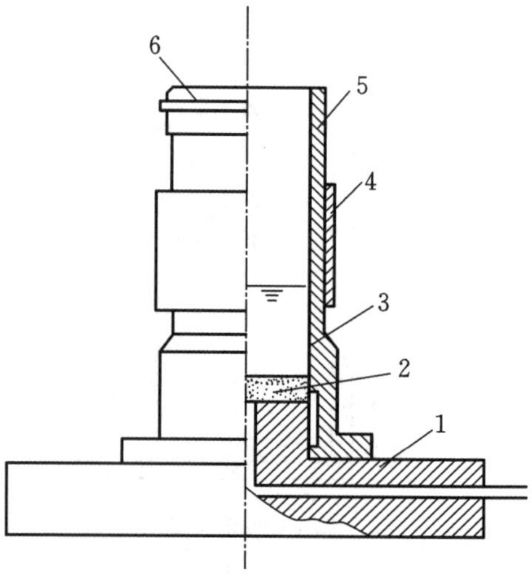

图 3-8　制备砂样圆模

1—压力室底座；2—透水板；3—制样圆模（两片合成）；4—紧箍；5—橡皮膜；6—橡皮圈

3.1.3　实验前仪器检查

（1）根据试样的强度大小，选择不同量程的测力计。

(2) 孔隙压力测量系统的气泡应排除。其方法是:孔隙压力测量系统中充以无气水并施加压力,小心地打开孔隙压力阀,让管路中的气泡从压力室底座排出。应反复操作几次,直到气泡完全冲出为止。孔隙压力测量系统的体积因数应小于 1.5×10^{-5} cm^3/kPa。

(3) 排水管路应通畅。活塞在轴套内应能自由滑动,各连接处应无漏水漏气现象。仪器检查完毕后,关闭周围压力阀、孔隙压力阀和排水阀,以备使用。

(4) 橡皮膜在使用前应仔细检查。其方法是扎紧两端,在膜内充气,然后沉入水下检查,应无气泡溢出。

3.1.4 试样制备

试样高度 h 与直径 D 之比(h/D)应为 2.0~2.5,直径 D 分别为 39.1 mm、61.8 mm 及 101.0 mm。对于有裂隙、软弱面或构造面的试样,直径 D 宜为 101.0 mm。根据试样的不同,试样制备可分为原状土试样制备、扰动土试样制备和砂土实验制备。

(1) 原状土试样制备

① 对于较软的土样,先用钢丝锯或削土刀切取一段稍大于规定尺寸的土柱,放在切土盘的上、下圆盘之间。再用钢丝锯或削土刀紧靠侧板,由上往下细心切削,边切削边转动圆盘,直到土样的直径被削成规定的直径为止。然后按试样高度的要求,削平上下两端。对于直径为 10 cm 的软黏土土样,可先用原状土分样器分成 3 个土柱,再按上述方法切削成直径为 39.1 mm 的试样。

② 对于较硬的土样,先用削土刀或钢丝锯切取一段稍大于规定尺寸的土柱,将上、下两端削平,按试样要求的层次方向放在切土架上,用切土器切削。先在切土器刀口内壁涂上一薄层油,将切土器的刀口对准土样顶面,边削土边压切土器,直到切削得比要求的试样高度高约 2 cm 为止,然后拆开切土器,将试样取出,按要求的高度将两端削平。试样的两端面应平整,互相平行,侧面垂直,上下均匀。在切样过程中,当试样表面因遇砾石而形成孔洞时,允许用切削下的余土填补。

③ 称量切削好的试样,直径为 101.0 mm 的试样应准确至 1 g;直径为 61.8 mm 和 39.1 mm的试样应准确至 0.1 g。取切下的余土,平行测定含水率,取其平均值作为试样的含水率。试样高度和直径用卡尺测量,试样的平均直径按下式计算:

$$D_0=\frac{D_1+2D_2+D_3}{4} \tag{3.1}$$

式中 D_0——试样平均直径(mm);

D_1、D_2、D_3——试样上、中、下部位的直径(mm)。

④ 对于特别坚硬且很不均匀的土样,当不易切成平整、均匀的圆柱体时,允许切成与规定直径接近的柱体,按所需试样高度将上、下两端削平,称取质量,然后包上橡皮膜,用浮称法称取试样的质量,并换算出试样的体积和平均直径。

(2) 击实法制备扰动土试样

① 选取一定数量的代表性土样。直径为 39.1 mm 的试样约取 2 kg,直径为 61.8 mm 和 101.0 mm 试样分别取 10 kg 和 20 kg。经风干、碾碎、过筛,筛的孔径应符合表 3-1 的规定。测定风干含水率,按要求的含水率算出所需加水量。

表 3-1　土样粒径与试样直径的关系

试样直径 D/mm	最大允许粒径 d_{max}
39.1	$0.1D$
61.8	$0.1D$
101.0	$0.2D$

② 将需加的水喷洒到土料上拌匀，稍静置后装入塑料袋，然后置于密闭容器内至少 20 h，使含水率均匀。取出土料复测其含水率，含水率的最大允许差值应为±1%。当不符合要求时，应调整含水率至符合要求为止。

③ 击样筒的内径应与试样直径相同。击锤的直径宜小于试样直径，也可采用与试样直径相等的击锤。击样筒壁在使用前应洗擦干净，涂一薄层凡士林。

④ 根据要求的试样干密度称取所需土质量。按试样高度分层击实，粉土分 3～5 层击实，黏土分 5～8 层击实，各层土料质量相等。每层击实至要求高度后，将表面刨毛，再加第 2 层土料。如此逐层进行，直至击实最后一层。将击样筒中的试样两端整平，取出称其质量。

(3) 砂土试样制备

① 根据实验要求的试样干密度和试样体积称取所需风干砂样质量，分成三等份，在水中煮沸，冷却后待用。

② 打开孔隙压力阀及量管阀，使压力室底座充水。将煮沸过的透水板滑入压力室底座上，并用橡皮带把透水板包扎在底座上，以防砂土漏入底座中。关闭孔隙压力阀及量管阀，将橡皮膜的一端套在压力室底座上并扎紧，将对开模套在底座上，将橡皮膜的上端翻出，然后抽气，使橡皮膜贴紧对开模内壁。

③ 在橡皮膜内注脱气水，约至试样高的 1/3。用长柄小勺将煮沸冷却的一份砂样装入膜中，填至该层要求高度。对含有细粒土和要求高密度的试样，可采用干砂制备，用水头饱和或反压力饱和。

④ 第 1 层砂样填完后，继续注水至试样高度的 2/3，再装第 2 层砂样。如此逐层装样，直到模内装满为止。如果要求试样干密度较大，则可在填砂过程中轻轻敲打对开模，使所称出的砂样填满规定的体积。然后放上透水板、试样帽，翻起橡皮膜，并扎紧在试样帽上。

⑤ 打开量管阀降低量管，使管内水面低于试样中心高程以下约 0.2 m，当试样直径为 101 mm 时，应低于试样中心高程以下约 0.5 m。在试样内产生一定负压，使试样能站立。拆除对开模，用卡尺测量试样高度与直径，试样的平均直径应按式(3.1)计算，复核试样干密度。各试样之间的干密度最大允许平行差值应为 ±0.03 g/cm^3。

3.1.5　试样饱和

试样饱和有三种常用方法：抽气饱和法、水头饱和法及反压力饱和法。

(1) 抽气饱和法

应将装有试样的饱和器置于无水的抽气缸内进行抽气，当真空度接近当地 1 个大气压时，应继续抽气。继续抽气时间宜符合表 3-2 的规定。

当抽气时间达到表 3-2 的规定后，徐徐注入清水，并保持真空度稳定。待饱和器完全被水淹没即停止抽气，并释放抽气缸的真空。试样在水下静置时间应大于 10 h，然后取出试样并称取其质量。

表 3-2 不同土性的抽气时间

土类	抽气时间/h
粉土	>0.5
黏土	>1
密实的黏土	>2

(2) 水头饱和法

水头饱和法适用于粉土或粉质砂土。按第 3.1.4 节第(3)项第①款至第⑤款的规定安装试样，试样顶用透水帽，然后施加 20 kPa 的周围压力，并同时提高试样底部量管的水面和降低连接试样顶部固结排水管的水面，使两管水面差在 1 m 左右。打开量管阀、孔隙压力阀和排水阀，让水自下而上通过试样，直到同一时间间隔内量管流出的水量与固结排水管内的水量相等为止。当需要提高试样的饱和度时，宜在水头饱和前，从底部将二氧化碳气体通入试样，置换孔隙中的空气，再进行水头饱和。二氧化碳的压力宜为 5～10 kPa。

(3) 反压力饱和法

试样要求完全饱和时，可对试样施加反压力。

① 试样装好后装上压力室罩，关闭孔隙压力阀和反压力阀，测量并记录体变管读数。先对试样施加 20 kPa 的周围压力预压，并打开孔隙压力阀，待孔隙压力稳定后记下读数，然后关闭孔隙压力阀。

② 反压力应分级施加，并同时分级施加周围压力，以减少对试样的扰动，在施加反压力过程中，始终保持周围压力比反压力大 20 kPa。反压力和周围压力的每级增量对软黏土取 30 kPa；对坚实的土或初始饱和度较低的土取 50～70 kPa。

③ 操作时，先将周围压力调至 50 kPa，并将反压力系统调至 30 kPa，同时打开周围压力阀和反压力阀，再缓缓打开孔隙压力阀，待孔隙水压力稳定后，测量并记录孔隙压力计和体变管读数，再施加下一级的周围压力和反压力。

④ 计算每级周围压力下的孔隙水压力增量 Δu，并与周围压力增量 $\Delta\sigma_3$ 比较，当孔隙水压力增量与周围压力增量之比 $\Delta u/\Delta\sigma_3>0.98$ 时，认为试样饱和；否则应重复上述步骤，直到试样饱和为止。

3.1.6 不固结不排水剪实验

3.1.6.1 实验步骤

不固结不排水剪实验包括试样安装和剪切试样等步骤。

(1) 安装试样

① 对压力室底座充水，在底座上放置不透水板，并依次放置试样、不透水板及试样帽。对于砂性土的试样安装，应按第 3.1.4 节第(3)项的规定进行。

② 将橡皮膜套在承膜筒内，两端翻出筒外，从吸气孔吸气，使膜贴紧承膜筒内壁套在试样外，放气，翻起橡皮膜的两端，取出承膜筒。将橡皮膜两端与压力室底座和试样帽用橡皮圈扎紧。

③ 装上压力室罩。安装时应先将活塞提升，以防碰撞试样，压力室罩安放后，将活塞对准试样帽中心，并均匀地旋紧螺丝。

④ 打开排气孔，向压力室充水，当压力室内快注满水时，降低进水速度，水从排气孔溢出时，关闭排气孔。

⑤ 关闭体变传感器或体变管阀及孔隙压力阀，打开周围压力阀，施加所需的周围压力。周围压力大小应与工程的实际小主应力 σ_3 相适应，并尽可能使最大周围压力与土体的最大实际小主应力 σ_3 相等，也可按 100 kPa、200 kPa、300 kPa、400 kPa 施加。

⑥ 上升升降台，当轴向测力计有微读数时，表示活塞已与试样帽接触。然后将轴向负荷传感器或测力计、轴向位移传感器或位移计的读数调整到零位。

(2) 剪切试样

① 剪切应变速率宜为(0.5～1.0)%/min。

② 开动试验机，进行剪切。开始阶段，试样每产生轴向应变 0.3%～0.4%时，测量并记录轴向力和轴向位移读数各 1 次。当轴向应变达到 3%时，读数间隔可延长为每产生轴向应变 0.7%～0.8%时各记录 1 次。当接近峰值时应加密读数。当试样为特别硬脆或软弱土时，可加密或减少测读的次数。

③ 当出现峰值后，再继续剪切 3%～5%轴向应变；轴向力读数无明显减少时，则剪切至轴向应变达 15%～20%。

④ 实验结束后，关闭电动机，下降升降台，打开排气孔，排去压力室内的水，拆除压力室罩，揩干试样周围的余水，脱去试样外的橡皮膜，描述试样破坏后形状，称取试样质量，测定实验结束后含水率。对于直径为 39.1 mm 的试样，宜取整个试样烘干；直径为 61.8 mm 和 101 mm 的试样，可切取剪切面附近有代表性的部分土样烘干。

3.1.6.2 结果计算

(1) 轴向应变按下式计算：

$$\varepsilon_1=\frac{\Delta h_i}{h_0}\times 100 \tag{3.2}$$

式中 ε_1——轴向应变(%)；

Δh_i——剪切过程中试样高度的变化(mm)；

h_0——试样初始高度(mm)。

(2) 试样的平均断面面积(校正断面面积)按下式计算：

$$A_a=\frac{A_0}{1-0.01\varepsilon_1} \tag{3.3}$$

式中 A_0——试样初始断面面积(cm^2)；

A_a——试样的校正断面面积(cm^2)。

(3) 主应力差按下式计算：

$$\sigma_1-\sigma_3=\frac{CR}{A_a}\times 10 \tag{3.4}$$

式中 σ_1——大主应力(kPa)；

σ_3——小主应力(kPa)；

C——测力计率定系数[N/(0.01 mm)]；

R——测力计读数(0.01 mm)；

10——单位换算系数。

(4) 主应力差 ($\sigma_1-\sigma_3$)与轴向应变 ε_1 关系曲线。

以主应力差为纵坐标、轴向应变为横坐标，绘制主应力差与轴向应变关系曲线(图 3-9)。

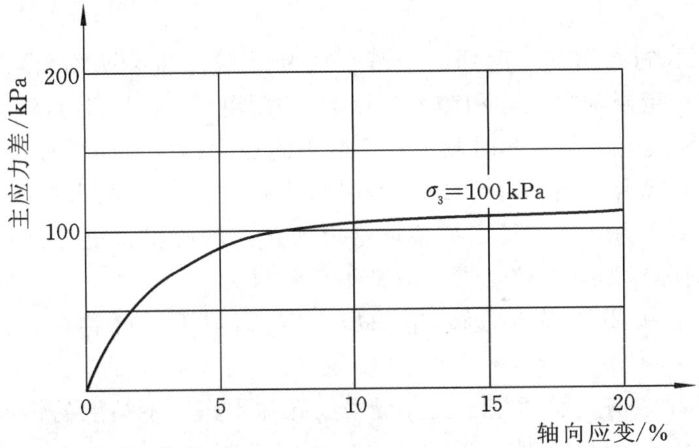

图 3-9 主应力差与轴向应变关系曲线

(5) 破坏点的取值

取曲线上主应力差($\sigma_1-\sigma_3$)的峰值作为破坏点，主应力差($\sigma_1-\sigma_3$)无峰值时，应以应力路径的密集点或按一定轴向应变(一般可取 $\varepsilon_1=15\%$，经过论证，也可根据工程情况选取破坏应变)相应的主应力差($\sigma_1-\sigma_3$)作为破坏强度值。

(6) 强度包线

以法向应力 σ 为横坐标、剪应力 τ 为纵坐标，在横坐标上以$\frac{\sigma_{1f}+\sigma_{3f}}{2}$为圆心、以$\frac{\sigma_{1f}-\sigma_{3f}}{2}$为半径($f$ 注脚表示破坏时的值)，待 τ-σ 应力平面上绘制破坏总应力圆后，作诸圆包线(即不同周围压力下的破坏应力圆的包线，见图 3-10)。该包线的倾角为内摩擦角 φ_u，包线在纵轴上的截距为黏聚力 c_u。φ_u、c_u 为不排水强度参数。

3.1.6.3 实验记录

不固结不排水剪三轴实验记录见附表 27。

3.1.6.4 注意事项

(1) 对于无法取得多个试样、灵敏度较低的原状土，可采用一个试样多级加荷实验，不固结不排水剪实验应按下列步骤进行：

① 试样安装好后，施加第一级周围压力。

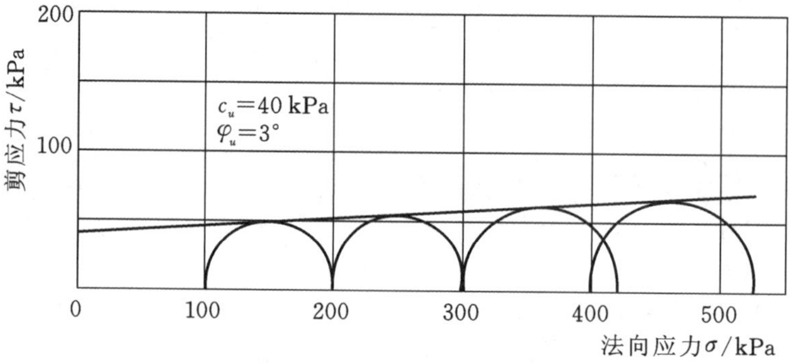

图 3-10　不固结不排水剪强度包线

② 开动试验机，进行剪切。剪切应变速率宜为(0.5～1.0)%/min。当测力计读数达到稳定或出现倒退时，记录轴向位移和测力计读数，关闭电机，停止剪切，将轴向压力退至零。

③ 施加第二级周围压力。此时测力计读数因施加周围压力而增加，应重新调至原来的读数值，然后升高升降台。当测力计读数微动时，表示试样帽与测力系统重新接触，再按原剪切速率剪切，直到测力计读数稳定或接近稳定为止。按此步骤进行其余各级周围压力的实验。最后一级周围压力下的剪切累积应变不应超过 20%。

④ 实验结束后，关闭周围压力阀，拆除压力室罩，取下试样称量，并测定剪切后的含水率。

(2) 不固结不排水剪实验适用于土体受力而孔隙水压力不消散的情况。当建筑物施工速度快，土体渗透系数较低，而排水条件又差时，为保证施工期的稳定，可采用该实验方法。

(3) 不固结不排水剪实验及固结不排水剪实验(不测孔隙水压力)的剪切应变速率，在通常的速率范围内对强度影响不大，故可根据实验方便来选择剪切应变速率。建议每分钟应变为 0.5%～1.0%，使试样在 15～30 min 内可完成剪切实验。

3.1.7　固结不排水剪实验

3.1.7.1　实验步骤

固结不排水剪实验包括试样安装、试样排水固结、剪切试样等步骤。

(1) 试样安装

① 打开孔隙压力阀及量管阀，待压力室底座充水排气后关阀。然后放上试样，试样上端放一湿滤纸及透水板。在其周围贴上 7～9 条浸湿的滤纸条，滤纸条宽度为试样直径的 1/5～1/6。滤纸条两端与透水石连接，当要施加反压力饱和试样时，所贴的滤纸条必须在中间断开约 1/4 试样高度，或自底部向上贴至试样高度 3/4 处。

② 将橡皮膜套在承膜筒内，两端翻出筒外，从吸气孔吸气，使膜贴紧承膜筒内壁套在试样外，放气，翻起橡皮膜的两端，取出承膜筒。将橡皮膜两端与压力室底座和试样帽用橡皮圈扎紧。

③ 用软刷子或双手自下向上轻轻按压试样，以排除试样与橡皮膜之间的气泡。对于饱和软黏土，可打开孔隙压力阀及量管阀，使水徐徐流入试样与橡皮膜之间，以排除夹气，然后

关闭压力阀和量管阀。

④ 打开排水管阀，使水从试样帽徐徐流出，以排除管路中的气泡，并将试样帽置于试样顶端。排除顶端气泡，将橡皮膜扎紧在试样帽上。

⑤ 降低排水管，使其水面至试样中心高程以下 20～40 cm，吸出试样与橡皮膜之间多余水分，然后关闭排水管阀。

⑥ 装上压力室罩。安装时应先将活塞提升，以防碰撞试样，待压力室罩安放后，将活塞对准试样帽中心，并均匀地旋紧螺丝。

⑦ 打开排气孔，向压力室充水。当压力室内快注满水时，降低进水速度，水从排气孔溢出时，关闭排气孔。然后降低排水管，使其水面与试样中心高度齐平，记录其水面读数，并关闭排水管阀。

(2) 试样排水固结

① 使量管水面位于试样中心高度处，打开量管阀，测读传感器，记下孔隙压力起始读数，然后关闭量管阀。

② 关闭体变传感器或体变管阀及孔隙压力阀，打开周围压力阀，施加所需的周围压力，并调整轴向负荷传感器或测力计、轴向位移传感器或位移计的读数。周围压力大小应与工程的实际小主应力 σ_3 相适应，并尽可能使最大周围压力与土体的最大实际小主应力 σ_3 大致相等，也可按 100 kPa、200 kPa、300 kPa、400 kPa 施加。

③ 打开孔隙压力阀，记录稳定后的孔隙压力读数，减去孔隙压力计的起始读数，即为周围压力与试样的初始孔隙水压力。

④ 打开排水管阀，按 0 min、0.25 min、1 min、4 min、9 min……时间记录排水读数及孔隙压力计读数。固结度至少应达到 95%，固结过程中可随时绘制排水量 ΔV 与时间平方根或时间对数曲线，以及孔隙压力消散度与时间对数曲线。若试样的主固结时间已经掌握，也可不读排水管和孔隙压力的过程读数。

⑤ 当要求对试样施加反压力时，按第 3.1.5 节第(3)项的规定进行。关闭体变管阀，增大周围压力，使周围压力与反压力之差等于原来选定的周围压力，记录稳定的孔隙压力读数和体变管水面读数，将其作为固结前的起始读数。

⑥ 打开体变管阀，让试样通过体变管排水，按本条第(2)项第②款至第④款的规定进行排水固结。

⑦ 固结完成后，关闭排水管阀或体变管阀，记录体变管(或排水管)和孔隙压力的读数。开动试验机，当轴向力读数开始微动时，表示活塞已与试样接触，记下轴向位移读数，即为固结下沉量 Δh。依此算出固结后试样高度 h_c，然后将轴向力和轴向位移读数都调至零。

⑧其余几个试样按同样方法安装，并在不同的周围压力下排水固结。

(3) 剪切试样

① 剪切应变速率宜为(0.05～0.10)%/min，粉土剪切应变速率宜为(0.1～0.5)%/min。

② 开始剪切试样。测力计、轴向变形、孔隙水压力的测记应符合本条第(2)项第③款至第④款的规定。

③ 实验结束后，关闭电动机，下降升降台，打开排气孔，排去压力室内的水，拆除压力室罩，揩干试样周围的余水，脱去试样外的橡皮膜，描述试样破坏后形状，称取试样质量，测定

实验后含水率。

3.1.7.2 结果计算

(1) 试样固结后的高度按下式计算：

$$h_c = h_0 \left(1 - \frac{\Delta V}{V_0}\right)^{1/3} \tag{3.5}$$

式中 h_c——试样固结后的高度(cm)；

ΔV——试样固结前后的体积变化(cm^3)；

V_0——试样初始体积(cm^3)，其中 $V_0 = h_0 A_0$。

(2) 试样固结后的面积按下式计算：

$$A_c = A_0 \left(1 - \frac{\Delta V}{V_0}\right)^{2/3} \tag{3.6}$$

式中 A_c——试样固结后的面积(cm^2)；

A_0——试样初始面积(cm^2)。

(3) 试样剪切时的校正面积按下式计算：

$$A_a = \frac{A_c}{1 - 0.01\varepsilon_1} \tag{3.7}$$

式中 A_a——试样剪切时的校正面积(cm^2)；

ε_1——轴向应变(%)。

(4) 主应力差按式(3.4)进行计算。

(5) 有效主应力比按下列公式计算：

$$\sigma_1' = \sigma_1 - u \tag{3.8}$$

$$\sigma_3' = \sigma_3 - u \tag{3.9}$$

$$\frac{\sigma_1'}{\sigma_3'} = \frac{(\sigma_1' - \sigma_3')}{\sigma_3'} + 1 \tag{3.10}$$

式中 σ_1'——有效大主应力(kPa)；

u——孔隙水压力(kPa)；

σ_3'——有效小主应力(kPa)；

$\frac{\sigma_1'}{\sigma_3'}$——有效主应力比。

(6) 孔隙压力系数按下列公式计算：

$$B = \frac{u_0}{\sigma_3} \tag{3.11}$$

$$A = \frac{u_d}{B(\sigma_1 - \sigma_3)} \tag{3.12}$$

式中 B——初始孔隙压力系数；

u_0——试样在周围压力下产生的初始孔隙水压力(kPa)；

A——破坏时的孔隙压力系数；

u_d——试样在主应力差($\sigma_1 - \sigma_3$)下产生的孔隙水压力(kPa)。

(7) 主应力差与轴向应变关系曲线。

以主应力差为纵坐标、轴向应变为横坐标，绘制主应力差与轴向应变关系曲线(图 3-9)。

(8) 有效主应力比与轴向应变曲线。

以有效主应力比为纵坐标、轴向应变为横坐标，绘制有效主应力比与轴向应变曲线(图 3-11)。

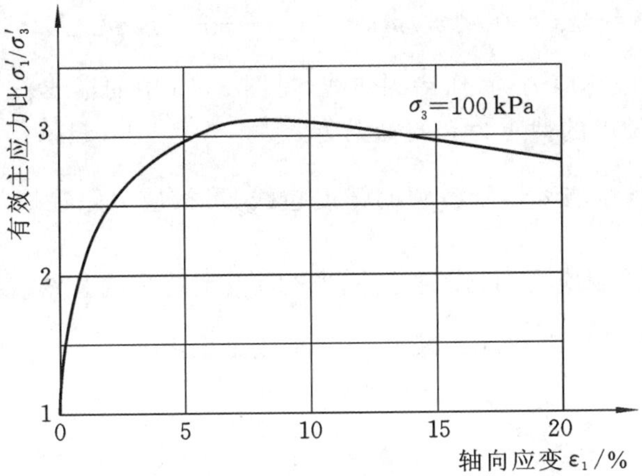

图 3-11　有效主应力比与轴向应变关系曲线

(9) 孔隙水压力与轴向应变关系曲线。

以孔隙水压力为纵坐标、轴向应变为横坐标，绘制孔隙水压力与轴向应变关系曲线(图 3-12)。

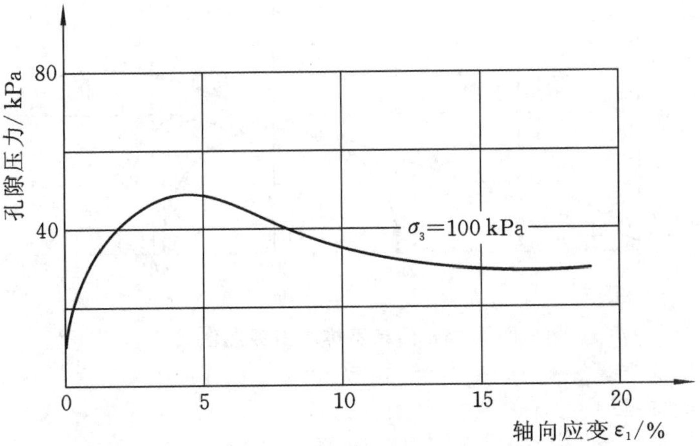

图 3-12　孔隙水压力与轴向应变关系曲线

(10) 破坏点的取值。

以主应力差($\sigma_1-\sigma_3$)或有效主应力比(σ_1'/σ_3')的峰值作为破坏点，如($\sigma_1-\sigma_3$)和(σ_1'/σ_3')均无峰值，应以应力路径的密集点或取一定轴向应变(一般可取 $\varepsilon_1=15\%$，经过论证，也可根据工程情况选取破坏应变)相应的主应力差($\sigma_1-\sigma_3$)或(σ_1'/σ_3')作为破坏强度值。

(11) 强度包线。

按第 3.1.6.2 节第(6)款的规定绘制破损应力圆及不同周围压力下的破损应力圆包线(见图 3-13 中的实线),并求出总应力强度参数(内摩擦角 φ_{cu} 和黏聚力 c_{cu})。

(12) 有效内摩擦角 φ' 和有效黏聚力 c'。

在固结不排水剪切中测孔隙水压力,则可确定试样破坏时的有效应力。以有效应力 σ' 为横坐标、剪应力 τ 为纵坐标,在横坐标轴上以 $\frac{\sigma'_{1f}+\sigma'_{3f}}{2}$ 为圆心、以 $\frac{\sigma'_{1f}-\sigma'_{3f}}{2}$ 为半径,绘制不同周围压力下的有效破坏应力圆,作诸圆包线(见图 3-13 中的虚线)。包线的倾角为有效内摩擦角 φ',包线在纵轴上的截距为有效黏聚力 c'。

如各应力圆无规律,难以绘制各圆的强度包线,可按应力路径取值,即以 $\frac{\sigma'_1-\sigma'_3}{2}$ 为纵坐标、$\frac{\sigma'_1+\sigma'_3}{2}$ 为横坐标,绘制应力圆,作通过各圆之圆顶点的平均直线。根据直线的倾角及在纵坐标上的截距,分别计算有效内摩擦角 φ' 和有效黏聚力 c':

$$\varphi'=\sin^{-1}\tan\alpha \tag{3.13}$$

$$c'=\frac{d}{\cos\varphi'} \tag{3.14}$$

式中 α——平均直线的倾角(°);

d——平均直线在纵轴上的截距(kPa)。

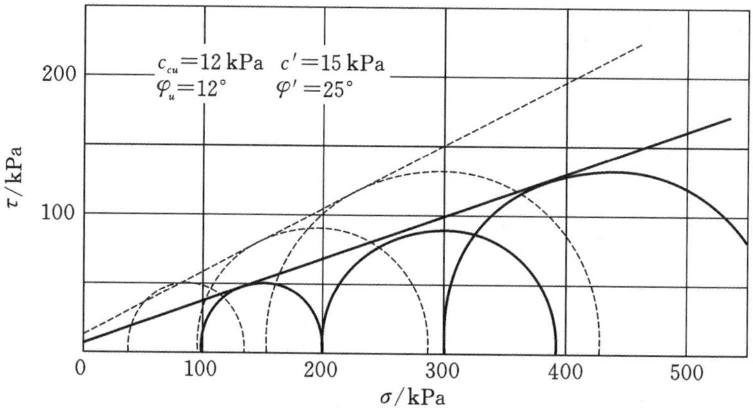

图 3-13 固结不排水剪强度包线

3.1.7.3 实验记录

固结不排水剪三轴实验记录见附表 28 至附表 30。

3.1.7.4 注意事项

(1) 对于无法取得多个试样且灵敏度较低的原状土,可采用一个试样多级加荷实验,固结不排水剪实验应按下列步骤进行:

① 按照固结不排水剪实验步骤完成试样的安装、固结及第一级周围压力的试样剪切。

② 第一级剪切完成后,退除轴向压力,待孔隙水压力稳定后施加第二级周围压力,进行

排水固结。

③ 固结完成后进行第二级周围压力下的剪切，并按上述步骤进行第三级周围压力下的剪切，累计剪切应变不应超过20%。

④ 实验结束后，关闭周围压力阀，尽快拆除压力室罩，取下试样称量，并测定剪切后的含水率。

(2) 对试样施加的周围压力应尽可能与土体现场实际作用的压力一致。然而在大周围压力下所测得的强度指标比在小周围压力下所测得的强度指标要低。因此，在提供强度指标时应注明所施加的周围压力的范围。

(3) 为了加速试样的固结过程，同时在剪切时使试样内孔隙水压力均匀传递，国内外的实验人员普遍在试样外贴滤纸条。关于滤纸条的贴法，大约有以下几种：

① 覆盖面积达侧面的50%以上且上下连续的滤纸条；

② 上下均与透水板相连的连续滤纸条；

③ 滤纸条下部与透水板相连，而上部与透水板断开1/4试样高度的距离；

④ 上下均与透水板相连，但中部间断1/4试样高度。

为了加速试样固结，建议采用第②种。但如对试样施加反压力或测孔隙水压力，滤纸条的上下端与透水板不连接，以防反压力与孔隙水压力测量直接连通。

3.1.8 固结排水剪实验

(1) 实验步骤

固结排水剪实验包括试样安装、试样排水固结、试样剪切等步骤。试样安装、试样排水固结按第3.1.7.1节第(1)款和第(2)款的规定进行，试样的剪切按第3.1.7.1节第(3)款的规定进行，但在剪切过程中应打开排水阀。剪切应变速率宜为(0.003～0.012)%/min。

(2) 结果计算

① 试样固结后的高度、面积分别按式(3.5)、式(3.6)计算。

② 试样剪切时的校正面积按下式计算。

$$A_a=\frac{V_c-\Delta V_i}{h_c-\Delta h_i} \tag{3.15}$$

式中 V_c——试样固结后的体积(cm^3)，其中 $V_c=h_cA_c$；

ΔV_i——剪切过程中试样的体积变化(cm^3)；

Δh_i——剪切过程中试样的高度变化(cm)。

③ 主应力差按式(3.4)计算。

④ 有效主应力比按式(3.10)计算，孔隙压力系数按式(3.11)和式(3.12)计算。

⑤ 主应力差与轴向应变关系曲线按第3.1.6.2节第(4)款的规定绘制。

⑥ 有效主应力比与轴向应变关系曲线按第3.1.7.2节第(8)款的规定绘制。

⑦ 以体积应变为纵坐标、轴向应变为横坐标，绘制体积应变与轴向应变关系曲线。

⑧ 破损应力圆、应力圆包线(图3-14)、有效内摩擦角 φ_d 和有效黏聚力 c_d 按第3.1.7.2节第(10)款至第(12)款的规定绘制和确定。

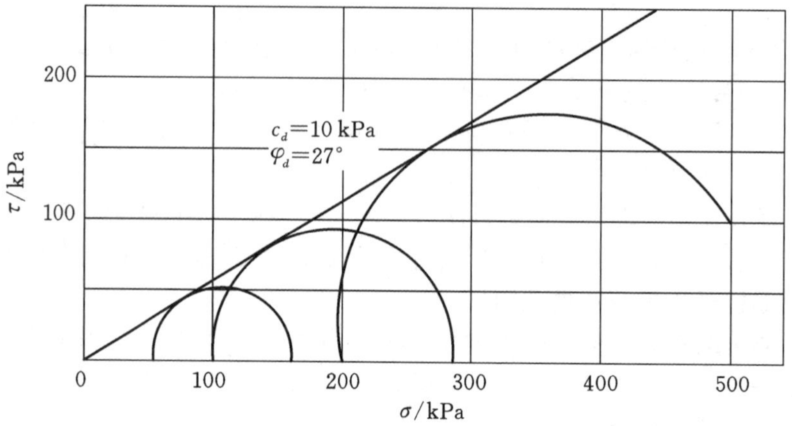

图 3-14　固结排水剪强度包线

（3）实验记录

固结排水剪三轴实验记录见附表 28 至附表 30。

（4）注意事项

在排水剪切实验中，孔隙水压力等于零。固结排水剪实验主要是为了求得土的排水强度指标 c_d、φ_d。采用应变控制式三轴压缩仪的固结排水剪比较费时，故更适用于较透水的土料。在测试土的应力-应变关系时，为了模拟实际工程的排水条件，也需用应变控制式三轴压缩仪的固结排水剪实验成果来确定变形模量、泊松比和剪切模量等变形指标。

3.1.9　实验思考题

（1）如何选择三轴压缩实验类型？

（2）试样饱和有哪几种方法？各适合哪种类型的土？

（3）为了加速试样的固结，一般采用什么方法？

（4）三轴压缩实验的三种类型分别获得哪些抗剪强度指标？其物理意义是什么？

（5）剪切应变速率对实验结果有何影响？

3.2　排水反复直接剪切实验

排水反复直剪强度实验是为了测定试样残余强度。残余强度是指黏性土试样在有效应力作用下进行排水剪切，待强度达到峰值以后，继续剪切。因剪切位移的增大，强度逐渐减小，最后达到稳定值。

研究土的残余强度主要是要了解土体遭受破坏以后强度衰减的变化规律，研究大应变条件下强度降低的问题。由于土体强度自峰值下降到残余值，往往要经过很长的过程，需要较大的剪切位移，故慢速剪切和大位移就成为残余强度的重要特点。

反复直剪强度实验适用于超固结黏土和软弱岩石夹层黏土。制备试样时要求软弱面或泥化夹层处于试样高度的中部，即正好是剪切面，以确定符合工程实际情况的强度值。

3.2.1　实验目的

在慢速排水条件下，对试样反复剪切至剪应力达到稳定值，以测求土的残余抗剪强度参数 c_r 和 φ_r。

3.2.2　仪器设备

（1）应变控制式反复直剪仪（图 3-15）应包括变速设备、可逆电动机和反推夹具。

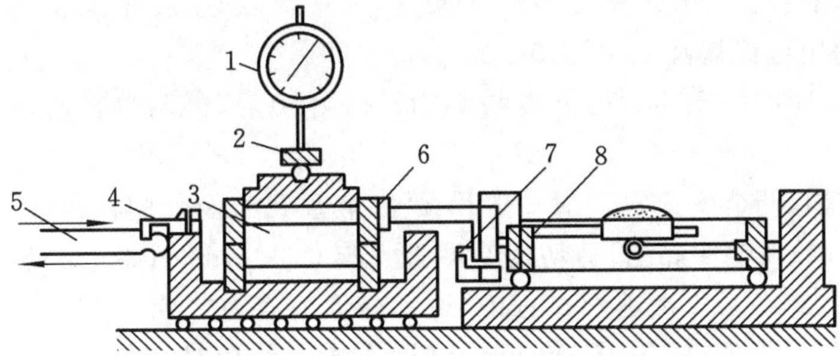

图 3-15　反复直剪仪结构示意图

1—垂直变形百分表；2—加压框架；3—试样；4—连接件；
5—推动轴；6—剪切盒；7—限制连接杆；8—测力计

（2）其他仪器设备应符合第 2.10.2 节的规定。

3.2.3　操作步骤

（1）试样制备

① 对有软弱面的原状土样，先要分清软弱面的天然滑动方向，整平土样两端，使土样顶面平行于软弱面。在环刀内涂一薄层凡士林。切土时，使软弱面位于环刀高度一半处，在试样面上标出软弱面的天然滑动方向。

② 对无软弱面的完整原状黏土或原状超固结黏土，可用环刀按原状土规定制备试样，将试样放入剪切盒内。先在小于 50 kPa 的垂直压力下，以较快的剪速进行预剪，形成破裂面。当试样坚硬时，也可用环刀、钢丝锯等工具先将试样切割成一个剪切面，再施加垂直荷载，待固结稳定后进行剪切。

③ 对泥化带较厚的软弱夹层、滑坡层面，取靠近滑裂面 1～2 mm 的土；对泥化带较薄的滑动面，取泥化的土；对无泥化带的裂隙面，取靠裂隙面两边的土。将所刮取的土样用纯水浸泡 24 h 后调制均匀，制备成液限状态的土膏，并将其填入环刀内。装填时，先沿环刀四周填入，然后填中部。此过程中应排除试样内的气体。

④ 原状土试样应取破裂面上的土测求含水率；对于扰动土试样，可取切下的余土测求含水率。

⑤ 试样应达到饱和。饱和方法一般采用真空饱和法。

⑥ 每组实验应制备 4 个试样，同组试样的密度最大允许平行差值应为 $\pm 0.03\ g/cm^3$。

(2) 试样剪切

① 先对仪器进行检查，然后将上、下剪切盒对准，插入固定销，依次放入饱和透水板、滤纸，将试样推入剪切盒内。再放上滤纸、透水板及加压盖板、钢珠、加压框架等，并安装垂直位移传感器或百分表。在加压板周围包以湿棉花，以防止水分蒸发。然后记录轴向负荷传感器(或测力计)和垂直位移的初始读数。

② 施加垂直压力应符合第 2.10.3.2 节的规定。对于液限状态的试样，应分级施加至规定压力，并应按第 2.10.3.3 节第(2)款第③项的规定进行固结。

③ 除含水率相当于液限试样的剪切实验外，一般原状土、硬塑黏土的实验，在剪切时，剪切盒应开缝，缝宽应保持在 0.3～1.0 mm。

④ 转动手轮，使剪切盒前端的钢珠与测力计刚好接触，再调整轴向负荷传感器或测力计读数至零位。

⑤ 拔出固定销，调节变速箱。对一般粉质土、粉质黏土及低塑性黏土，剪切速率不宜大于 0.06 mm/min；对高塑性黏土，剪切速率不宜大于 0.02 mm/min。启动电机，测读垂直位移和水平位移读数。在第 1 次剪切过程中，达到峰值剪应力之前，一般水平位移每隔 0.2～0.4 mm 测记 1 次；过峰值后，每隔 0.5 mm 测记 1 次。剪切时其每次正向剪切位移为 8～10 mm，实验不能中断，直至最大剪切位移，停止剪切。

⑥ 倒转手轮，用反推设备以不大于 0.6 mm/min 的剪切速率将下剪切盒反向推至与上剪切盒重合位置，插入固定销。按上述步骤进行第 2 次剪切。一次剪切完成后，也允许相隔一定时间后再按上述步骤进行下一次剪切。如此反复进行剪切，直至剪应力达到稳定值为止。粉质黏土、砂质黏土需 5～6 次正向剪切，正向总剪切位移量为 40～48 mm；黏土需要 3～4 次正向剪切，正向总剪切位移量为 24～32 mm。

⑦ 剪切结束，测记垂直位移读数，吸去剪切盒中积水，尽快卸除位移传感器或位移计、垂直压力、加压框架、加压盖板及剪切盒等，并描述剪切面的破坏情况。取剪切面附近的土样，测定剪后含水率。

3.2.4 结果计算

(1) 残余剪应力按下式计算：

$$\tau_r = \frac{CR}{A_0} \times 10 \tag{3.16}$$

式中 τ_r——残余剪应力(kPa)；

C——测力计率定系数[N/(0.01 mm)]；

R——测力计读数(0.01 mm)；

A_0——试样初始的面积(cm^2)。

特别注意：如给定的测力计率定系数单位为 kPa/(0.01 mm)，则 $\tau_r = CR$。

(2) 绘制剪应力与剪切位移关系曲线。取每条实验曲线上第 1 次剪切时的峰值作为破坏强度值；取曲线上最后稳定值作为残余强度，并绘制抗剪强度与垂直压力关系曲线，抗剪强度包括峰值强度和残余强度。直线的倾角为土的内摩擦角 φ_r，直线在纵坐标轴上的截距为土的黏聚力 c_r。

3.2.5 实验记录

实验记录见附表31。

3.2.6 注意事项

(1) 扰动土试样的残余强度通常与原状土试样的残余强度相接近。对同一种土,不管是正常固结的或超固结的,只要在同一有效压力作用下,其残余强度相同。因为土的残余强度只与土的性质有关,而与应力无关。因此,当选取原状土样有困难时,可取扰动土进行实验。制样时所用含水率以采用该土(泥化夹层和滑动层面)的液限含水率为宜。

(2) 当剪切速率为0.02 mm/min时,每次剪切需8~10 h。为了使实验时间便于安排,待一次剪切完成后,可间隔一定时间进行下一次剪切。但应在下一次剪切前,将剪切盒反推至原位置,再进行剪切。

(3) 人工反推剪切盒时,由于用力不均匀,易将试样剪切面破坏,故不宜采用。

3.2.7 实验思考题

(1) 土样制备时应该注意些什么?

(2) 为什么泥化夹层和滑动层面扰动土建议含水率制备以液限为宜?

(3) 不同剪切速率对土的残余强度的影响是什么?

(4) 实验的总剪切位移多大时才能测到稳定的强度值?

(5) 排水反复直接剪切实验与直接剪切实验的区别在哪?

(6) 软弱夹层实验中,黏粒含量大对试样的残余强度有何影响?

3.3 冻土融化压缩实验

冻土融化压缩实验通过模拟冻土融化条件,观测融化过程中土体的压缩变形,分析温度、压力等因素对冻土压缩性能的影响,为冻土工程设计与施工提供理论依据。

冻土融化压缩实验是研究冻土在融化过程中物理力学性质发生变化的重要手段,特别是在全球气候变暖的背景下,冻土融化现象对工程建筑、基础设施以及自然环境的影响日益受到人们关注。冻土融化压缩实验成果对于评估建筑区的工程地质条件及建筑物的稳定性计算具有重要意义。它可以帮助工程师预测在冻土地区进行工程建设时可能遇到的问题,如地基沉降、结构变形等,并采取相应的预防措施。

冻土融化压缩实验是理解和预测冻土融化对工程影响的关键工具。通过这些实验,可以更好地理解冻土的物理力学行为,为冻土地区的工程设计和施工提供科学依据。

本实验宜在负温环境下进行,实验土样应为冻结黏土和粒径小于2 mm的冻结砂质土。

3.3.1 实验目的

测定冻土的融沉系数和融化压缩系数,供冻土地基的融化和压缩沉降计算用。

3.3.2 仪器设备

(1) 融化压缩仪(图 3-16)由加热传压板、试样环和保温外套等部分组成。加热传压板应采用导热性能好的金属材料制成;试样环应采用有机玻璃或其他热导率低的非金属材料制成,其尺寸宜为内径 79.8 mm、高 40.0 mm;保温外套可用聚苯乙烯或聚氨酯泡沫塑料。

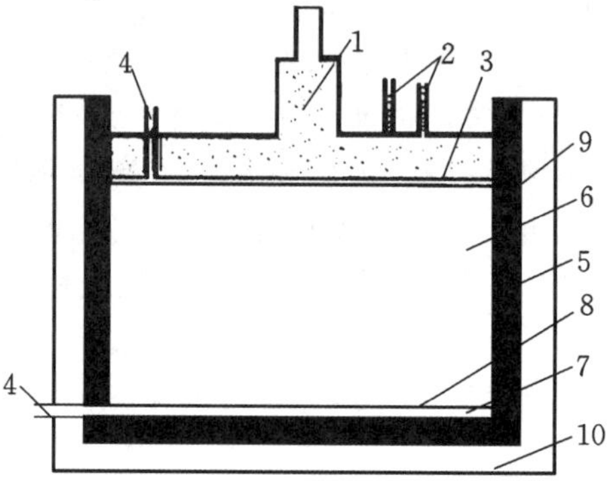

图 3-16 融化压缩仪示意图

1—加热传压板;2—热循环水进出口;3—透水板;4—上下排水孔;5—试样环;6—试样;7—透水板;8—滤纸;9—导环;10—保温外套

(2) 加荷设备可采用量程为 2000 kPa 的杠杆式、磅秤式和其他相同量程的加荷设备,其最大允许误差应符合现行国家标准 GB/T 4935.1《土工试验仪器 固结仪 第 1 部分:单杠杆固结仪》的规定。

(3) 变形测量设备由百分表或位移传感器组成,量程应为 10 mm,分度值应为 0.01 mm。

(4) 恒温供水设备。

(5) 原状冻土取样器钻具开口内径应为 79.8 mm。

3.3.3 实验步骤

(1) 在切样和装样过程中不得使试样表面发生融化。

(2) 用冻土取样器钻取冻土试样,其高度应大于试样环高度。将钻样剩余的冻土取样测定含水率。钻样时必须保持试样的层面与原状土一致,且不得上下倒置。

(3) 将冻土试样装入试样环,使之与环壁紧密接触。刮平上、下面,但不得造成试样表面发生融化。测定冻土试样的密度。

(4) 在融化压缩容器底部先放透水板,其上放一张润湿滤纸。将装有试样的试样环放在滤纸上,套上护环。然后在试样上部放滤纸和透水板,再放上加热传压板。装上保温外套,并将融化压缩容器放置在加压框架正中。安装百分表或位移传感器。

(5) 施加 1 kPa 的压力,调平后加压杠杆。调整百分表或位移传感器到零位。

(6) 用胶管连接加热传压板的热循环水进出口与事先装有温度为 40～50 ℃水的恒温水槽,并打开开关,启动恒温器,以保持水温。

(7) 试样开始融沉时即启动秒表,分别记录 1 min、2 min、5 min、10 min、30 min、

60 min时的变形量。之后每 2 h 观测记录 1 次，直到变形量在 2 h 内小于 0.05 mm 时为止，并测记最后一次变形量。

(8) 融沉稳定后，停止热水循环，并开始加荷进行压缩实验。加荷等级视实际工程需要确定，宜取 50 kPa、100 kPa、200 kPa、400 kPa、800 kPa，最后一级荷载应比土层的计算压力大 100～200 kPa。

(9) 施加每级荷载后 24 h 为稳定标准，并观测记录相应的压缩量，直到施加最后一级荷载压缩稳定为止。

(10) 实验结束后，拆卸仪器各部件，取出试样，测定含水率。

3.3.4 结果计算

(1) 融沉系数按下式计算：

$$a_{f_0}=\frac{\Delta h_{f_0}}{h_{f_0}}\times 100 \tag{3.17}$$

式中 a_{f_0}——冻土融沉系数(%)；

Δh_{f_0}——冻土融化下沉量(mm)；

h_{f_0}——冻土试样初始高度(mm)。

(2) 冻土试样初始孔隙比按下式计算：

$$e_{f_0}=\frac{\rho_w}{\rho_{f_0}}G_s(1+0.01w_f)-1 \tag{3.18}$$

式中 e_{f_0}——冻土试样初始孔隙比；

ρ_{f_0}——冻土试样初始密度(g/cm^3)；

ρ_w——水的密度(g/cm^3)；

G_s——土粒比重；

w_f——冻土含水率(%)。

(3) 融沉稳定后和各级压力作用下压缩稳定后的孔隙比分别按下列公式计算：

$$e=e_{f_0}-(h_{f_0}-\Delta h_0)\frac{1+e_{f_0}}{h_{f_0}} \tag{3.19}$$

$$e_i=e-(h-\Delta h)\frac{1+e}{h} \tag{3.20}$$

式中 e, e_i——融沉稳定后和各级压力作用下压缩稳定后的孔隙比；

h, h_{f_0}——融沉稳定后和初始试样高度(mm)；

$\Delta h, \Delta h_0$——压力作用下稳定后的下沉量和融沉下沉量(mm)。

(4) 某一压力范围内的冻土融化压缩系数按下式计算：

$$a_{fv}=\frac{e_i-e_{i+1}}{p_{i+1}-p_i}\times 10^3 \tag{3.21}$$

式中 a_{fv}——某一压力范围内的冻土融化压缩系数(MPa^{-1})。

(5) 以孔隙比为纵坐标、单位压力为横坐标，绘制孔隙比与压力关系曲线。

3.3.5 实验记录

冻土融化压缩实验记录见附表32。

3.3.6 注意事项

(1) 本实验严禁在切样和装样过程中使试样表面发生融化。实验过程中应满足自上而下单向融化。

(2) 实验过程中应逐步增加压力，避免土样因突然承受过大压力而破裂。

3.3.7 实验思考题

(1) 如何确保所选土样能够真实反映实际工程中的冻土特性？不同的土样类型和年代对实验结果有何影响？

(2) 温度对冻土融化和压缩过程的具体影响是什么？湿度和通风条件如何影响土样的融化和压缩行为？

(3) 如何确保仪器设备的准确性和可靠性，以减少误差？

(4) 土样融化和压缩的速度控制对实验结果有何影响？

3.4 土工合成材料实验

土工合成材料是以人工合成的聚合物（如塑料、化纤、合成橡胶等）为原料所制成的各种类型的产品，它常置于土体内部、表面或各种土体之间，发挥加强或保护土体的作用。因为它们主要用于岩土工程，故冠以“土工”二字。

土工合成材料最早有土工织物、土工膜等产品。随着工程需要，这类材料不断有新品种出现，例如土工格栅、土工网和土工模袋、土工网垫、土工带、复合土工膜、膨润土防水毯、复合排水网等。本节主要介绍几种常用的土工合成材料（如土工织物、土工膜、土工格栅等）的力学性能与渗透（或抗渗）性能的检测和实验方法。

3.4.1 土工织物（土工布）实验

土工织物也称为土工布，制造方法可分为有纺（织造）土工织物和无纺（非织造）土工织物。

土工织物突出的优点是自重轻、整体连续性好（可做成较大面积的整体织物）、施工方便、抗拉强度较高、耐腐蚀性和抗微生物侵蚀性好、透水性好；缺点是未经特殊处理，抗紫外线能力低，如暴露在外，受紫外线直接照射后容易老化。

土工布广泛用于水利、电力、矿井、公路和铁路等土工工程，可用作不同建筑材料间的隔离材料；土层分离的过滤材料；水库、矿山和高层建筑地基的排水材料；江河堤坝、护坡的防冲刷材料等。

3.4.1.1 单位面积质量测定

(1) 实验目的

测定土工织物单位面积质量，用以评定其物理性能。本方法也适用于土工膜单位面积质量测定。

(2) 仪器设备

天平(分度值 0.01 g)、钢尺(最小分度值为 1 mm)、裁刀或剪刀。

(3) 试样制备

① 剪取试样。试样剪取距样品边缘应不小于 100 mm；试样应该有代表性，不同试样应避免位于同一纵向和横向位置上，即采用梯形取样法，如果不可避免(如卷装，幅宽较窄)，应在测试报告中注明情况。剪取试样时应满足准确度要求，先有剪裁计划，然后再剪裁。对每项测试所用全部试样，应予以编号。

② 试样状态调节。试样应置于温度为(20±2)℃、相对湿度为(60±10)%的环境中调节 24 h。如果确认试样不受环境影响，则可省去状态调节处理，但应在记录中注明测试时的温度和湿度。

③ 每组试样数量应不少于 10 个，试样面积应为 100 cm^2，试样的裁剪和测量应准确至 1 mm。

(4) 实验步骤

① 确认天平的量程满足要求。

② 试样逐一在天平上称量，读数应准确至 0.01 g。称量小于 1 g 的材料应使用分度值更小的天平来称量(满足称量值为 1%的准确度要求)。

(5) 结果计算

① 单位面积质量按下式计算，精确至 1 g/m^2。

$$G=\frac{m}{A}\times 10^4 \tag{3.22}$$

式中 G——单位面积质量(g/m^2)；

m——试样质量(g)；

A——试样面积(cm^2)。

② 计算土工织物单位面积质量平均值、标准差和变异系数。

(6) 实验记录

土工织物单位面积质量实验记录见附表 33。

3.4.1.2 条带拉伸实验

(1) 实验目的

通过实验测定土工织物的拉伸强度和伸长率，以评定其力学性能。

(2) 仪器设备

① 试验机。应具有等速拉伸功能。

② 夹具。钳口面应能防止试样在钳口内打滑，并能防止试样在钳口内被夹伤。两个夹具的夹持面应在一个平面内。宽条试样有效宽度 200 mm，夹具实际宽度应不小于

210 mm；窄条试样有效宽度 50 mm，夹具实际宽度应不小于 60 mm。

③ 测量设备。荷载指示值或记录值应准确至 1%，伸长量的测量读数应准确至 1 mm，应能自动记录拉力-伸长量曲线。

(3)试样制备

① 裁剪试样。试样剪取按第 3.4.1.1 节第(3)项第①款“剪取试样”方法进行。纵横向每组试样数量不少于 5 个。试样尺寸：对于宽条法拉伸实验的试样，裁剪宽度为 200 mm，长度不小于 200 mm，实际长度视夹具而定，应有足够的长度使试样伸出夹具，试样计量长度为 100 mm。对于有纺土工织物，裁剪试样宽度为 210 mm，在两边抽去大约相同数量的边纱，使试样宽度达到 200 mm；对于窄条法拉伸实验的试样，裁剪宽度为 50 mm，长度应不小于 200 mm，且应有足够长度的试样伸出夹具，试样计量长度为 100 mm。对于有纺土工织物，裁剪试样宽度为 60 mm，在两边抽去大约相同数量的边纱，使试样宽度达到 50 mm。

② 如进行干态与湿态两种拉伸强度实验，应裁剪 2 倍的试样长度，然后一剪为二，一组测干强度，另一组测湿强度。

③ 试样状态调节。按第 3.4.1.1 节第(3)项第②款“试样状态调节”的规定进行。

(4) 实验步骤

① 准备好干、湿试样。对湿态试样，从水中取出至上机拉伸的时间间隔应不大于 10 min。

② 选择合适的试验机量程。设定拉伸速率为 20 mm/min，将两夹具的初始间距调至 100 mm。

③ 将试样对中放入夹具内夹紧。开启试验机，同时启动记录装置，记录拉力-伸长量曲线，连续运转直至试样破坏，停机。

④ 若试样在钳口内打滑，或在钳口边缘或钳口内被夹坏，且该测值小于平均值的 80%，则该实验结果应予剔除，并增补试样。当试样在钳口内打滑或大多数试样被钳口夹坏，宜采取下列改进措施：a.钳口内加衬垫；b.钳口内的试样用涂料加强；c.改进钳口面。

⑤ 重复以上步骤，对其余试样进行实验。

(5) 结果计算

① 拉伸强度按下式计算：

$$T_1=\frac{F}{B} \tag{3.23}$$

式中 T_1——拉伸强度(kN/m)；

F——最大荷载(kN)；

B——试样宽度(m)。

以至少 10 个试样的拉伸强度的平均值作为最后结果。

② 伸长率按下式计算：

$$\varepsilon=\frac{\Delta L}{L_0}\times 100 \tag{3.24}$$

式中 ε——伸长率(%)；

L_0——试样计量长度(mm)；

ΔL——最大荷载时试样计量长度的伸长量(mm)。

③ 计算拉伸强度及伸长率的平均值、标准差和变异系数。

④ 拉伸模量计算。a.初始拉伸模量 E_1。如果应力-应变曲线在初始阶段是呈线性的，取初始切线斜率为初始拉伸模量。b.偏移拉伸模量 E_0。当应力-应变曲线开始段坡度小，中间部分接近线性时，取中间直线的斜率为偏移拉伸模量。c.割线拉伸模量 E_s。当应力-应变曲线始终呈非线性，可采用割线法。从原点到曲线上某一点连一直线，此直线斜率即为该点对应的割线拉伸模量。

(6) 实验记录

条带拉伸实验记录见附表34。

3.4.1.3　垂直渗透实验

(1) 实验目的

通过测定土工织物垂直渗透系数和透水率，以评定其透水性能。

(2) 仪器设备

① 垂直渗透实验仪，包括安装试样装置、供水装置、恒水位装置与水位测量装置。垂直渗透实验原理如图3-17所示。

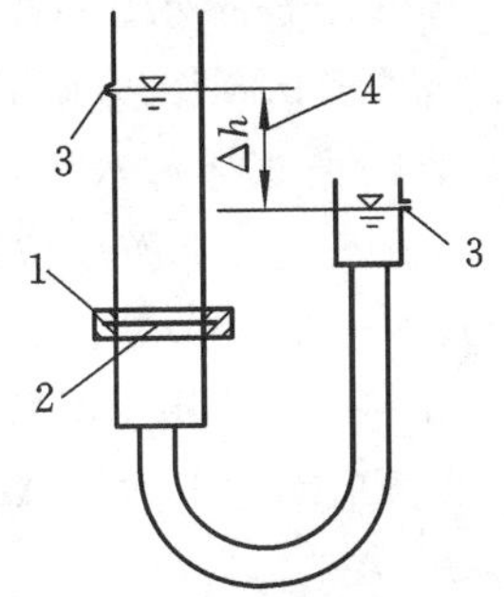

图3-17　垂直渗透实验原理图

1—安装试样装置；2—试样；3—溢水口；4—水位差

② 安装试样装置。试样有效过水面积应不小于20 cm²，应能装单片和多片土工织物试样；试样密封应良好，不应有渗漏。

③ 供水装置。管路宜短而粗，以减小水头损失。

④ 恒水位装置。容器应有溢流装置，在实验过程中保持常水头。并且容器应能调节水位，水头变化范围为1～150 mm。

⑤ 水位测量装置。水位测量应准确至1 mm。

⑥ 其他，如计时器、量筒、水桶、温度计等。计时器准确至0.1 s，量筒准确至1%，温度计准确至0.5 ℃。

⑦ 对新安装的系统应做空态(无试样)率定，以确定设备自身的水头损失，并在进行试样渗透系数计算时予以修正。

(3) 实验准备

① 试样裁剪。试样剪取按第3.4.1.1节第(3)项第①款“剪取试样”的方法进行。

② 试样状态调节。按第3.4.1.1节第(3)项第②款“试样状态调节”的规定进行。

③ 试样数量。单片试样应不少于5个，多片试样应不少于5组。

④ 实验用水应为无杂质脱气水或蒸馏水。

(4) 实验步骤

① 试样应充分饱和。试样安装操作过程中应防止空气进入试样，有条件的宜在水下装样。

② 调节上游水位，应使其高出下游水位，水从上游流向下游，并溢出。

③ 待上下游水位差 Δh 稳定后测读 Δh，开启计时器，用量筒接取一定时段内的渗透水

量，并测量水量与时间，测量时间应不少于 105 s，测量水量应不少于 100 mL。

④ 调节上游水位，改变水力梯度，重复第②步、第③步。绘制渗透流速与水力梯度的关系曲线，取其线性范围内的实验结果，计算平均渗透系数。

⑤ 重复上述过程，对其余试样进行实验。

(5) 结果计算

① 垂直渗透系数按下式计算：

$$k_{20}=\frac{V\delta}{A\Delta ht}\eta \tag{3.25}$$

式中 k_{20}——20 ℃时垂直渗透系数(cm/s)；

V——渗透水量(cm^3)；

δ——试样厚度(cm)；

A——试样过水面积(cm^2)；

Δh——上下游水位差(cm)；

t——通过水量 V 的历时(s)；

η——水温修正系数，见表 3-3。

② 透水率按下式计算：

$$\varphi_{20}=\frac{V}{A\Delta ht}\eta \tag{3.26}$$

式中 φ_{20}——试样 20 ℃时的透水率(s^{-1})。

③ 计算垂直渗透系数和透水率的平均值、标准差及变异系数。

表 3-3 水温修正系数

温度(℃)	水温修正系数 η	温度(℃)	水温修正系数 η	温度(℃)	水温修正系数 η
5.0	1.501	15.0	1.133	25.5	0.880
5.5	1.478	15.5	1.119	26.0	0.870
6.0	1.456	16.0	1.104	26.5	0.861
6.5	1.434	17.0	1.077	27.0	0.851
7.0	1.413	17.5	1.063	27.5	0.842
7.5	1.393	18.0	1.050	28.0	0.833
8.0	1.373	18.5	1.037	28.5	0.824
8.5	1.353	19.0	1.025	29.0	0.815
9.0	1.334	19.5	1.012	29.5	0.806
9.5	1.315	20.0	1.000	30.0	0.798
10.0	1.297	20.5	0.988	30.5	0.789
10.5	1.279	21.0	0.976	31.0	0.781
11.0	1.261	21.5	0.965	31.5	0.773

续表3-3

温度(℃)	水温修正系数 η	温度(℃)	水温修正系数 η	温度(℃)	水温修正系数 η
11.5	1.244	22.0	0.954	32.0	0.765
12.0	1.227	22.5	0.942	32.5	0.757
12.5	1.210	23.0	0.932	33.0	0.749
13.0	1.194	23.5	0.919	34.0	0.734
13.5	1.179	24.0	0.910	35.0	0.719
14.0	1.163	24.5	0.900	—	—
14.5	1.148	25.0	0.890	—	—

(6) 实验记录

垂直渗透实验记录见附表 35。

3.4.1.4 水平渗透实验

(1) 实验目的

通过实验测定土工织物水平渗透系数和导水率,以评定其排水性能。

(2) 仪器设备

① 水平渗透实验仪,包括安装试样装置、供水装置、恒水位装置、加荷装置与水位测量装置。水平渗透实验原理如图 3-18 所示。

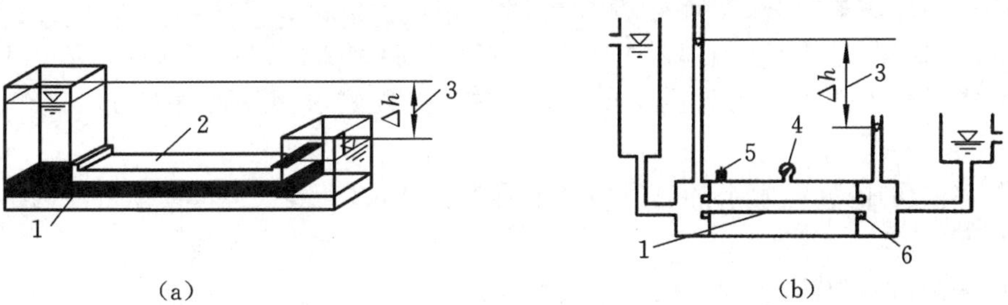

图 3-18 水平渗透实验原理

(a)直接加荷;(b)气压加荷

1—试样;2—加荷板;3—水位差;4—压力表;5—压力进口;6—试样密封

② 安装试样装置。试样装置应密封不漏水。

③ 恒水位装置,应能调节水位,满足水力梯度 1.0 时实验过程中水位差保持不变。

④ 加荷装置。施加于试样的法向压力范围宜为 10～250 kPa,并在实验过程中保持恒压。对于直接加荷型,在试样上下面应放置橡胶垫层,使荷载均匀施加于整个宽度和长度上,且橡胶垫层应无水流通道。

⑤ 水位测量装置。水位测量准确至 1 mm。

⑥ 其他,如计时器、量筒、温度计、压力表、水桶等。计时器应准确至 0.1 s,量筒准确至 1%,温度计准确至 0.5 ℃,压力表宜准确至满量程的 0.4%。

(3)实验准备

① 试样裁剪。试样剪取按第 3.4.1.1 节第(3)项第①款“剪取试样”的方法进行。

② 试样状态调节。按第 3.4.1.1 节第(3)项第②款“试样状态调节”的规定进行。

③ 试样数量应不少于 2 个。

④ 试样尺寸。试样宽度应不小于 100 mm,长度应大于 2 倍宽度;如果试样宽度不小于 200 mm,长度应不小于宽度。

⑤ 多层试样的厚度,有 n 层时应以单层试样厚度的 n 倍计算。

⑥ 实验用水应为无杂质脱气水或蒸馏水。

(4)实验步骤

① 将试样包封在乳胶膜或橡皮套内,应平整无褶皱,周边应无渗漏。对于直接加荷型,应仔细安装试样上下垫层,使试样承受均匀法向压力。

② 施加 2～5 kPa 的压力,使试样就位,随即向水位容器内注入实验用水,排出试样内的气泡。实验过程中试样应饱和。

③ 按现场条件选用水力梯度,当情况不明时,选用水力梯度不应大于 1.0。

④ 应按现场条件或设计要求选择法向压力。如果需要确定一定压力范围的渗透系数,则应至少进行三种压力实验,分布在所需范围内。

⑤ 对试样施加最小一级法向压力,应持续 15 min。

⑥ 抬高上游水位,应使其达到要求的水力梯度。

⑦ 测量初始读数,测量通过水量应不小于 100 cm^3,或记录 5 min 内通过的水量。

⑧ 测量初始读数后,应每隔 2h 测量一次。

⑨ 前后两次测量的差小于 2%时应作为水流稳定的标准,以后一次测量值作为测试值。

⑩ 如需进行另一种水力梯度下的实验,应在调整好水力梯度并稳定 15 min 后进行测量。

⑪ 调整法向压力,重复上述第⑤项至第⑩项步骤,以开展其余法向压力下的实验。

(5)结果计算

① 水平渗透系数按下式计算:

$$k_{h20}=\frac{VL}{\delta B\Delta ht}\eta \tag{3.27}$$

式中 k_{h20}——试样 20 ℃时水平渗透系数(cm/s);

V——透水量(cm^3);

L、B、δ——试样长度、宽度和厚度(cm);

Δh——上下游水位差(cm);

t——通过水量 V 的历时(s);

η——水温修正系数,见表 3-3。

② 单宽流量应按下式计算:

$$Q_{h20}=\frac{V}{Bt}\eta \tag{3.28}$$

式中 Q_{h20}——试样在一定压力与一定水力梯度下 20 ℃时的单宽流量(cm^2/s)。

③ 导水率按下式计算：

$$\theta_{20}=k_{h20}\delta \tag{3.29}$$

式中　θ_{20}——试样在 20 ℃时的导水率(cm^2/s)。

④ 分别计算各法向压力下的水平渗透系数及导水率的平均值。

(6) 实验记录

水平渗透实验记录见附表 36。

3.4.2　土工膜实验

土工膜一般可分为沥青土工膜和聚合物(合成高聚物)土工膜两大类。含沥青的土工膜主要为复合型的(含编织型或无纺型的土工织物),沥青作为浸润黏结剂。聚合物土工膜,根据不同的主材料分为塑性土工膜、弹性土工膜和组合型土工膜。

大量工程实践表明,土工膜的不透水性很好,具有突出的防渗和防水性能,弹性和适应变形的能力也很强,适用于不同的施工条件和工作应力,具有良好的耐老化能力。处于水下和土中的土工膜的耐久性尤为突出。

3.4.2.1　单位面积质量测定

土工膜的单位面积质量测定方法与土工织物的单位面积质量测定方法完全相同,参见第 3.4.1 节的相关内容。

3.4.2.2　耐静水压力实验

(1) 实验目的

通过实验测定土工膜的耐静水压力值,以评定其抗渗性能。

(2) 仪器设备

① 耐静水压力仪(图 3-19)。

② 夹具。内径为 30.5 mm 的环形夹具,实验过程中夹具内的试样不应滑移或被夹坏。

③ 选择合适量程的压力表。

④ 液压系统。应逐步增大液压直至试样破坏或试样渗漏,液体压入速率为 100 mL/min。

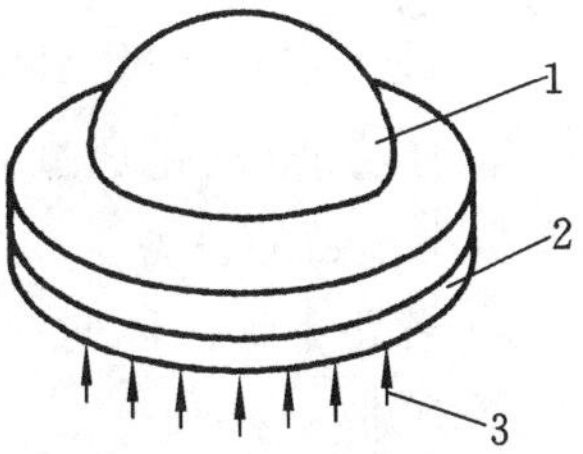

图 3-19　耐静水压力仪

1—试样;2—环形夹具;3—液压

(3)试样制备

① 试样裁剪。试样剪取按第 3.4.1.1 节第(3)项第①款“剪取试样”的方法进行。

② 试样状态调节。按第 3.4.1.1 节第(3)项第②款“试样状态调节”的规定进行。

③ 每组试样数量应不少于 10 个,每个试样直径应不小于 55 mm。

(4)实验步骤

① 实验前应检查仪器各部分是否正常,需要时应用刚性且不渗透材料对耐静水压力仪做综合性能校验,保证仪器不渗漏。

② 安装试样,并用环形夹具将试样夹紧。

③ 设定液体压入速率为 100 mL/min,开启机器,使试样凸起变形,当试样破坏或试样

渗漏时应立即停止加压，并及时记录使试样破坏或试样渗漏时的最大压力。

④ 重复第②步和第③步，对其余试样进行实验。

(5) 结果计算

计算每组试样的耐静水压力平均值(kPa)、标准差和变异系数。

(6) 实验记录

土工膜耐静水压力实验记录见附表 37。

3.4.2.3　渗透实验

(1) 实验目的

通过实验测定土工膜在水压作用下的渗透系数，以评定其抗渗性能。

(2) 仪器设备

① 渗透实验原理与主要部件如图 3-20 所示。

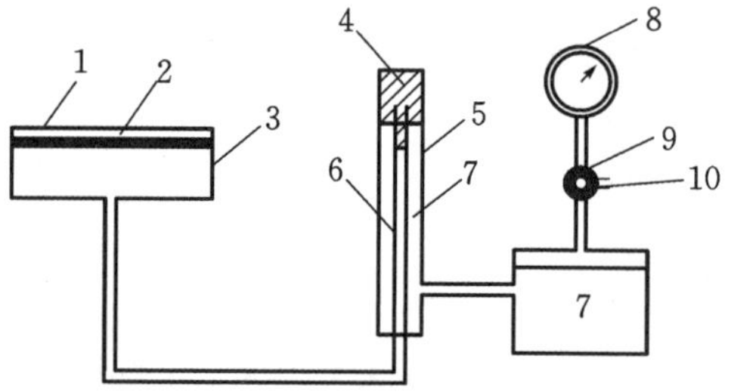

图 3-20　土工膜渗透实验原理图

1—透水石与压环；2—试样；3—试样容器；4—油；5—测变管；6—体变管；7—水；8—压力表；9—调压阀；10—气源

② 试样容器。过水面积应大于 20 cm^2，膜一侧承受水压力，另一侧为透水石。

③ 体变管(测量透过试样水量的装置)。体变管内的测变管读数应准确至 0.1 cm^2，可采用更小读数的设备。

④ 管路系统。体变管与试样之间的连接管路系统应充满水，在实验压力下各管路及接头应不渗漏。

⑤ 恒压系统，包括气源、调压阀、压力表等，应在实验过程中保持恒压。压力表宜准确至满量程的 0.4%。

⑥ 其他，如计时器、温度计等，温度计准确至 0.5 ℃。

(3) 试样制备

① 试样裁剪。试样剪取按第 3.4.1.1 节第(3)项第①款“剪取试样”的方法进行。

② 每组试样不少于 3 块，尺寸应与试样容器匹配。

(4)实验步骤

① 对体变管、试样容器及管路系统进行排气，并充满水。

② 打开试样容器，注满水，依次放密封圈、试样、透水石与压力环，夹紧试样。

③ 实验前将体变管内油面调至较高位置。

④ 调压阀渐渐加压，无特殊要求时应加压至 100 kPa。

⑤ 加压时应注意油水界面，同时检查管路和各接头是否有渗漏。

⑥ 压力加至规定值 10 min 后记录首次读数，同时测记水温。

⑦ 读数时间间隔宜视渗水量快慢而定，开始时可每隔 60 min 读数一次，当渗水量逐渐减小后可延长间隔时间。

⑧ 实验持续时间，可按前后两次间隔时间内渗水量的差小于 2% 作为稳定标准，应以后一次间隔时间内渗水量作为测试值。

(5) 结果计算

渗透系数按下式计算：

$$k_{m20}=\frac{V\delta}{A\Delta ht}\eta \tag{3.30}$$

式中 k_{m20}——试样在 20 ℃时的渗透系数(cm/s)；

V——渗透水量(cm^3)；

δ——试样厚度(cm)；

A——试样过水面积(cm^2)；

Δh——上下面水位差(试样上所施加的水压力，以水柱高度计，cm)；

t——通过水量 V 的历时(s)；

η——水温修正系数，见表 3-3。

计算出全部试样的渗透系数平均值。

(6) 实验记录

土工膜渗透实验记录见附表 38。

3.4.3 土工格栅拉伸实验

土工格栅是一种主要的土工合成材料，与其他土工合成材料相比，它具有较高的抗拉强度、较小的变形和蠕变。土工格栅可以是用聚合物经冲压而成的带空格的板状材料，也可以是将线状构件相互结合而成的网状材料。土工格栅常用作加筋土结构的筋材或复合材料的筋材等，适用于各种堤坝和路基补强，边坡防护，洞壁补强，以及大型机场、停车场、码头货场等永久性承载的地基补强。

(1) 实验目的

通过实验测定土工格栅的拉伸强度和伸长率，以评定其力学性能。

(2) 仪器设备

① 试验机、夹具、测量和记录装置等应符合土工织物条带拉伸实验设备的规定，参见第 3.4.1.2 节第(2)项。

② 对于高强土工格栅(如钢塑土工格栅)，应采用专用夹具。

(3) 试样制备

① 试样裁剪。试样剪取按第 3.4.1.1 节第(3)项第①款“剪取试样”的方法进行。

② 试样状态调节。按第 3.4.1.1 节第(3)项第②款“试样状态调节”的规定进行。

③ 每组试样数量不少于 5 个。

④ 试样宽度根据土工格栅类型的不同选择单肋法、多肋法，土工格栅试样如图 3-21 所

示。长度方向宜包含2个完整单元，并且试样长度应不小于100 mm。

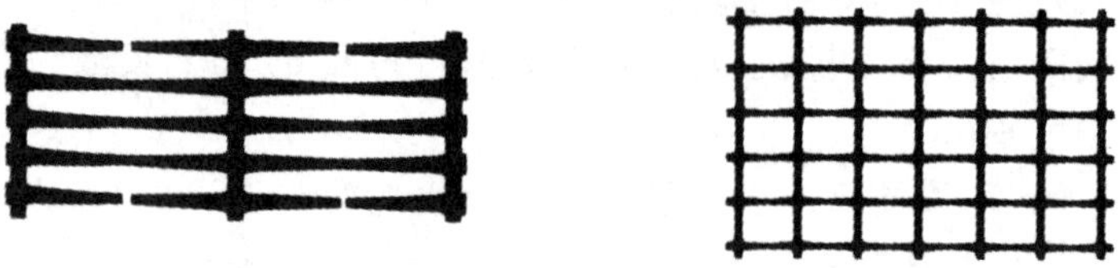

(a)　　　　(b)

图 3-21　土工格栅试样

(a)单向土工格栅；(b)双向土工格栅

(4) 实验步骤

① 选择合适量程的试验机，应使试样的最大破坏荷载在满量程的20%～80%范围内。

② 按试样的计量长度调整试验机上、下夹具的间距。

③ 设定拉伸速率为(土工格栅计量长度的20%)/min(适用于平口式夹具且不用引伸计的情况)。

④ 将试样放入夹具内夹紧。

⑤ 开启试验机，同时启动记录装置，连续运转直至试样破坏为止，停机。在拉伸过程中，同时记录拉力-伸长量曲线。

⑥ 如果试样打滑或被钳口夹坏，应按土工织物条带拉伸实验的相关方法处理。

⑦ 重复第④步至第⑥步，对其余试样进行实验。

(5) 结果计算

① 拉伸强度按下式计算：

$$T_1=\frac{FN}{n} \tag{3.31}$$

式中　T_1——土工格栅拉伸强度(kN/m)；

F——试样最大拉力(kN)；

N——样品每米宽度上肋数(肋/m)；

n——试样肋数(单肋法时$n=1$；多肋法时n为试样实际肋数)。

② 2%、5%伸长率时拉伸强度的计算。先在拉力-伸长量曲线上查得2%与5%伸长率相应伸长量时的拉力，再按式(3.31)计算。

③ 伸长率按式(3.24)计算。

标称强度下的伸长率计算：先按式(3.31)反算标称强度对应的拉力值，然后在拉力-伸长量曲线上查得该拉力值时试样的伸长量，再按式(3.24)计算标称强度下的伸长率。

④ 计算每组试样拉伸强度和伸长率的平均值、标准差与变异系数。

(6) 实验记录

土工格栅拉伸实验记录见附表39。

3.4.4　注意事项

(1) 土工织物实验前应进行“试样状态调节”，即试样放置在温度(20±2)℃、相对湿度为(60±10)%的环境中 24 h。

(2) 条带拉伸实验裁剪试样尺寸应符合要求。如进行干态与湿态两种拉伸强度实验，应裁剪 2 倍的试样长度，然后一剪为二，一组测干强度，另一组测湿强度。进行实验结果计算时应正确确定各拉伸模量，如初始拉伸模量、偏移拉伸模量、割线拉伸模量等。

(3) 做土工织物水平渗透实验时，按现场条件选用水力梯度。当情况不明时，选用的水力梯度不应大于 1.0。水力梯度(又称水力坡降或者水力坡度)是指沿渗透途径水头损失与渗透途径长度的比值，可以理解为水流通过单位长度渗透途径为克服摩擦阻力所耗失的机械能；或为克服摩擦力而使水以一定流速流动的驱动力；或为在含水层中沿水流方向每单位距离的水头下降值(任意两点的水位差与这两点间的距离之比)。

(4) 所有渗透实验在开始前都应对渗透实验装置进行仔细检查，保证仪器不渗漏。

(5) 做土工织物垂直渗透实验时，如果是新安装的垂直渗透实验系统，则应做空态(无试样)率定，以确定设备自身的水头损失，并在进行试样渗透系数计算时予以修正。

(6) 土工格栅拉伸实验设定拉伸速率为(土工格栅计量长度的 20%)/min。

(7) 计算土工格栅 2%、5% 伸长率下拉伸强度时，先在拉力-伸长量曲线上查得 2% 与 5% 伸长率相应伸长量时的拉力，再按式(3.31)进行计算。

3.4.5 实验思考题

(1) 土工织物条带拉伸实验应如何裁剪试样和进行试样状态调节？

(2) 土工布渗透实验有哪些特别注意事项？

(3) 进行土工格栅拉伸实验时，如何计算 2% 和 5% 伸长率时的土工格栅拉伸强度？

附录　各项实验记录

附表 1　原状土开土记录

任务单号					进室日期：　年　月　日				
记录者					开土日期：　年　月　日				
试样编号		取土高程(m)	取土深度(m)	颜色	气味	结构	夹杂物	包装与扰动情况	其他
室内	野外								

附表 2 扰动土试样制备记录

<table>
<tr><td colspan="3">任务单号</td><td colspan="5"></td><td>制备日期</td><td colspan="3"></td><td colspan="2">计算者</td><td colspan="3"></td></tr>
<tr><td colspan="3">仪器名称及编号</td><td colspan="5"></td><td>实验者</td><td colspan="3"></td><td colspan="2">校核者</td><td colspan="3"></td></tr>
<tr><td rowspan="3">试样编号</td><td colspan="2">制备标准</td><td colspan="6">所需土质量及增加水量的计算</td><td colspan="6">试样制备</td><td colspan="2">与制备标准之差</td></tr>
<tr><td>干密度 ρ_d (g/cm^3)</td><td>含水率 w (%)</td><td>环刀或计算的击实筒容积 V (cm^3)</td><td>风干土或天然湿土质量 m_0 (g)</td><td>烘干后土的质量 m_d (g)</td><td>风干或天然含水率 w_0 (%)</td><td>增加的水量 Δm_w(g)</td><td>所需土的总质量 m_0'(g)</td><td>环刀质量 (g)</td><td>环刀加湿土质量(g)</td><td>湿土质量 m (g)</td><td>湿密度 ρ_0 (g/cm^3)</td><td>含水率 w (%)</td><td>干密度 ρ_d' (g/cm^3)</td><td>干密度之差 $\Delta\rho_d$ (g/cm^3)</td><td>含水率之差 Δw (%)</td></tr>
<tr><td>(1)</td><td>(2)</td><td>(3)</td><td>(4)</td><td>(5)</td><td>$(6)=\frac{(4)-(5)}{(5)}\times100$</td><td>$(7)=0.01\times[(2)-(6)]\times(1)\times(3)$</td><td>$(8)=[1+0.01\times(6)]\times(1)\times(3)$</td><td>(9)</td><td>(10)</td><td>$(11)=(10)-(9)$</td><td>$(12)=\frac{(11)}{(3)}$</td><td>(13)</td><td>$(14)=\frac{(12)}{1+0.01\times(13)}$</td><td>$(15)=(14)-(1)$</td><td>$(16)=(13)-(2)$</td></tr>
<tr><td></td><td></td><td></td><td></td><td></td><td></td><td></td><td></td><td></td><td></td><td></td><td></td><td></td><td></td><td></td><td></td><td></td></tr>
<tr><td></td><td></td><td></td><td></td><td></td><td></td><td></td><td></td><td></td><td></td><td></td><td></td><td></td><td></td><td></td><td></td><td></td></tr>
<tr><td></td><td></td><td></td><td></td><td></td><td></td><td></td><td></td><td></td><td></td><td></td><td></td><td></td><td></td><td></td><td></td><td></td></tr>
<tr><td></td><td></td><td></td><td></td><td></td><td></td><td></td><td></td><td></td><td></td><td></td><td></td><td></td><td></td><td></td><td></td><td></td></tr>
<tr><td></td><td></td><td></td><td></td><td></td><td></td><td></td><td></td><td></td><td></td><td></td><td></td><td></td><td></td><td></td><td></td><td></td></tr>
<tr><td></td><td></td><td></td><td></td><td></td><td></td><td></td><td></td><td></td><td></td><td></td><td></td><td></td><td></td><td></td><td></td><td></td></tr>
<tr><td></td><td></td><td></td><td></td><td></td><td></td><td></td><td></td><td></td><td></td><td></td><td></td><td></td><td></td><td></td><td></td><td></td></tr>
<tr><td></td><td></td><td></td><td></td><td></td><td></td><td></td><td></td><td></td><td></td><td></td><td></td><td></td><td></td><td></td><td></td><td></td></tr>
<tr><td colspan="2" rowspan="3">备注</td><td colspan="4">对扰动土试样进行描述</td><td colspan="11"></td></tr>
<tr><td colspan="4">制备方法</td><td colspan="11"></td></tr>
<tr><td colspan="4">其他</td><td colspan="11"></td></tr>
</table>

附表 3　饱和法实验记录

实验者						实验日期			
计算者						校核者			
饱和次数	试样编号	环刀体积 $V(cm^3)$	环刀质量 $m_0(g)$	饱和后环刀与土的总质量 $m_1(g)$	试样饱和后的密度 $\rho(g/cm^3)$	试样的干密度 ρ_d (g/cm^3)	土粒比重 G_s	试样的孔隙比 e	饱和度 $S_r(\%)$
		(1)	(2)	(3)	$(4)=\frac{(3)-(2)}{(1)}$	(5)	(6)	(7)	$(8)=\frac{[(4)-(5)]\times(6)}{(7)\times(5)}\times100$

注：表中试样的干密度 ρ_d、试样的孔隙比 e 等数值可以通过第 2.1 节的实验测得的数据计算得到；土粒比重 G_s 可以通过第 2.1.3 节的实验测得。

附表 4　含水率实验记录

实验者							实验日期		
计算者							校核者		
试样编号	试样说明	盒号	铝盒质量 $m_0(g)$	盒加湿土质量 $m_1(g)$	盒加干土质量 $m_2(g)$	水分质量 (g)	干土质量 $m_d(g)$	含水率 $w(\%)$	平均含水率 $\bar{w}$ (%)
			(1)	(2)	(3)	(4)＝(2)－(3)	(5)＝(3)－(1)	$(6)=\frac{(4)}{(5)}\times100$	(7)

附表 5 密度实验记录(环刀法)

实验者		实验日期	
计算者		校核者	

试样编号	环刀号	环刀质量 m_1 (g)	环刀容积 V (cm^3)	环刀加湿土质量 m_2(g)	湿土质量 m_0(g)	湿密度 ρ (g/cm^3)	平均湿密度 $\bar{\rho}$ (g/cm^3)	含水率 w (%)	干密度 ρ_d (g/cm^3)
		(1)	(2)	(3)	(4)=(3)−(1)	$(5)=\frac{(4)}{(2)}$	(6)	(7)	$(8)=\frac{(6)}{1+0.01\times(7)}$

附表 6 密度实验记录(蜡封法)

实验者		实验日期	
计算者		校核者	

蜡的密度 $\rho_n=0.92(g/cm^3)$

试样编号	试样质量 m_0 (g)	试样加蜡质量 m_n (g)	试样加蜡在水中质量 m_{nw} (g)	温度(℃)	水的密度 ρ_{wT} (g/cm^3)	试样加蜡体积 (cm^3)	蜡的体积 (cm^3)	试样体积 (cm^3)	湿密度 ρ (g/cm^3)	含水率 w (%)	干密度 ρ_d (g/cm^3)	平均干密度 $\bar{\rho}_d$ (g/cm^3)
	(1)	(2)	(3)	—	(4)	$(5)=\frac{(2)-(3)}{(4)}$	$(6)=\frac{(2)-(1)}{\rho_n}$	$(7)=(5)-(6)$	$(8)=\frac{(1)}{(7)}$	(9)	$(10)=\frac{(8)}{1+0.01\times(9)}$	(11)

附表 7 比重实验记录表(比重瓶法)

实验者		实验日期	
计算者		校核者	

试样编号	比重瓶号	温度(℃)	液体比重 G_{kT}	干土质量 m_d(g)	比重瓶与液体总质量 m_{bk}(g)	比重瓶、液体与土总质量 m_{bks}(g)	与干土同体积的液体质量(g)	比重 G_s	平均比重 $\overline{G}_s$
		(1)	(2)	(3)	(4)	(5)	(6)=(3)+(4)−(5)	(7)=$\frac{(3)}{(6)}\times(2)$	

附表 8 比重实验记录表(浮称法)

实验者		实验日期	
计算者		校核者	

试样编号	温度(℃)	水的比重 G_{wT}	烘干土质量 m_d(g)	试样加铁丝筐在水中质量 m_{ks}(g)	铁丝筐在水中质量 m_k(g)	试样在水中质量(g)	比重 G_s	平均比重 $\overline{G}_s$
	(1)	(2)	(3)	(4)	(5)	(6)=(4)−(5)	(7)=$\frac{(3)\times(2)}{(3)-(6)}$	

附表 9 比重实验记录表(虹吸筒法)

实验者		实验日期	
计算者		校核者	

试样编号	温度(℃)	水的比重 G_{wT}	烘干土质量 m_d(g)	晾干土质量 m_{ad}(g)	量筒质量 m_c(g)	量筒加排开水质量 m_{cw}(g)	排开水质量(g)	吸着水质量(g)	比重 G_s	平均比重 $\overline{G}_s$
	(1)	(2)	(3)	(4)	(5)	(6)	(7)=(6)−(5)	(8)=(4)−(3)	(9)=$\frac{(3)\times(2)}{(7)-(8)}$	

附表 10　颗粒分析实验记录(筛析法)

实验者		实验日期	
计算者		校核者	
试样编号		天平编号	

风干土质量＝________ g

2 mm 筛下土质量＝________ g

2 mm 筛上土质量＝________ g

粒径小于 0.075 mm 的土占总土质量百分数 X＝________%

粒径小于 2 mm 的土占总土质量百分数 X＝________%

细筛分析时所取试样质量 m_B＝________%

实验筛编号	孔径(mm)	累计留筛土质量(g)	小于某粒径的试样质量 m_A(g)	小于某粒径的试样质量百分数(%)	小于某粒径的试样质量占试样总质量的百分数 X(%)
底盘总计					

附表 11　颗粒分析实验记录(密度计法)

实验者		实验日期	
试样编号		计算者	
烧瓶编号		校核者	
量筒编号		密度计编号	

粒径小于 0.075 mm 颗粒的土质量百分数________　干土总质量________ g　风干土质量________ g　土粒比重 G_s________

试样处理说明________　比重校正值 C_s________　弯液面校正值 n_w________

下沉时间 t (min)	悬液温度 T (℃)	密度计读数					土料落距 L_t(cm)	粒径 d (mm)	小于某粒径的土质量百分数(%)	小于某粒径的试样质量占试样总质量的百分数 X(%)
		密度计读数 R_1	温度校正值 m_T	分散剂校正值 C_D	$R_M=R_1+m_T+n_w-C_D$	$R_H=R_mC_s$				

附表 12　液塑限联合测定实验记录

实验者						计算者					
实验日期						校核者					
试样编号	盒号	圆锥下沉深度 h(mm)	湿土质量 m_0(g)	干土质量 m_d(g)	含水率 w_0(%)	液限 w_L (%)	塑限 w_P (%)	塑性指数 I_P	液性指数 I_L	土的定名分类	土的软硬状态
	—	—	(1)	(2)	$(3)=\left[\frac{(1)}{(2)}-1\right]\times 100$	(4)	(5)	(6)=(4)−(5)	$(7)=\frac{(3)-(5)}{(6)}$	—	—

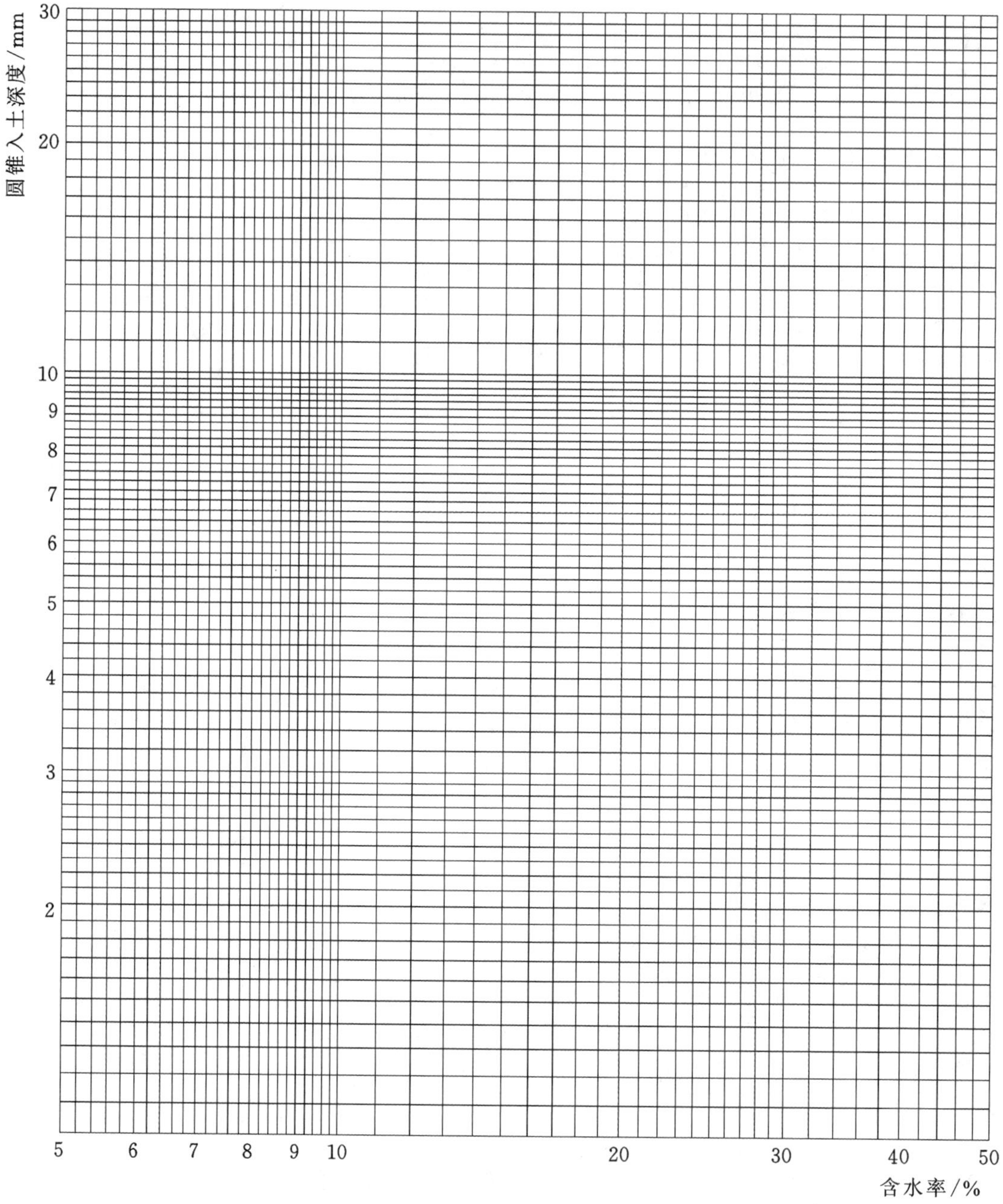

附图1　圆锥下沉深度与含水率关系曲线

附表 13　碟式仪液限法实验记录

实验者				计算者		
实验日期				校核者		
试样编号	盒号	击数 N	湿土质量 m_N(g)	干土质量 m_d(g)	含水率 w_N(%)	液限 w_L(%)
	—	—	(1)	(2)	$(3)=\left[\frac{(1)}{(2)}-1\right]\times 100$	(4)

附表 14　搓滚塑限法实验记录

实验者			计算者		
实验日期			校核者		
试样编号	盒号	湿土质量 m_0(g)	干土质量 m_d(g)	含水率(塑限) w_P(%)	塑限平均值 $\bar{w}_P$(%)
	—	(1)	(2)	$(3)=\left[\frac{(1)}{(2)}-1\right]\times 100$	—

附表 15　相对密度实验记录

实验者		实验日期				
试样编号		计算者				
相对密度仪编号		校核者				
实验项目		最大孔隙比 e_{max}		最小孔隙比 e_{min}		备注
实验方法		漏斗法（量筒法）		振打法		
试样加容器质量(g)	(1)	—				
容器质量(g)	(2)	—				
试样质量 m_d(g)	(3)=(1)−(2)					
试样体积 $V(cm^3)$	(4)					
最小干密度 $\rho_{d\min}$ 或最大干密度 $\rho_{d\max}(g/cm^3)$	$(5)=\frac{(3)}{(4)}$					
平均最小干密度或平均最大干密度(g/cm^3)	(6)					
土粒比重 G_s	(7)					
最大孔隙比 e_{max} 或最小孔隙比 e_{min}	$(8)=\frac{\rho_w\times(7)}{(6)}-1$					
天然干密度 $\rho_d(g/cm^3)$	(9)					
天然孔隙比 e_0	(10)					
相对密度 D_r	$(11)=\frac{e_{max}-e_0}{e_{max}-e_{min}}$ 或 $(11)=\frac{(\rho_d-\rho_{d\min})\rho_{d\max}}{(\rho_{d\max}-\rho_{d\min})\rho_d}$					

附表 16　击实实验记录

实验者								实验日期					
计算者								校核者					
击锤质量(kg)								落距(mm)					
击实方法								每层击数					
试样编号	实验序号	干密度						含水率					
		击实筒体积 (cm³)	筒加土质量 (g)	筒质量 (g)	湿土质量 m_0(g)	湿密度 ρ(g/cm³)	干密度 ρ_d(g/cm³)	盒号	湿土质量 m_0(g)	干土质量 m_d(g)	含水率 w(%)	平均含水率 $\bar{w}$(%)	超高 (mm)
		(1)	(2)	(3)	(4)=(2)−(3)	$(5)=\frac{(4)}{(1)}$	$(6)=\frac{(5)}{1+0.01\times(9)}$		(7)	(8)	$(9)=\frac{(7)-(8)}{(8)}\times100$	(10)	
	最大干密度 $\rho_{d\max}$(g/cm³))							最优含水率 w_{op}(%)					

附表 17　承载比实验记录(膨胀量)

实验者		实验日期	
计算者		校核者	
试样筒体积 $V(cm^3)$			

			1		2		3	
试样编号		(1)	1		2		3	
击实筒编号		(2)						
含水率	盒加湿土质量(g)	(3)						
	盒加干土质量(g)	(4)						
	盒质量(g)	(5)						
	含水率 w(%)	$(6)=\frac{(3)-(4)}{(4)-(5)}\times 100$						
	平均含水率 $\overline{w}$(%)	(7)						
密度	筒加试样质量 m_2(g)	(8)						
	筒质量 m_1(g)	(9)						
	湿密度 $\rho(g/cm^3)$	$(10)=\frac{(8)-(9)}{V}$						
	干密度 $\rho_d(g/cm^3)$	$(11)=\frac{(10)}{1+0.01\times(7)}$						
	干密度平均值 $\overline{\rho}_d(g/cm^3)$	(12)						
膨胀率	浸水前试样高度 h_0(mm)	(13)						
	浸水后试样高度 h_w(mm)	(14)						
	膨胀率 δ_w(%)	$(15)=\frac{(14)-(13)}{(13)}\times 100$						
	膨胀率平均值 $\overline{\delta}_w$(%)	(16)						
吸水	浸水后筒加试样质量 m_w(g)	(17)						
	吸水量 m_w(g)	(18)=(17)−(8)						
	吸水量平均值 $\overline{m}_w$(g)	(19)						

附表 18　承载比实验记录(贯入)

实验者		实验日期	
计算者		校核者	

击实方法________(次/层)　荷载板质量 m________(kg)　测力计率定系数 C________[N/(0.01 mm)]　最大干密度 $\rho_{d\max}$________(g/cm³)

贯入速度 v________(mm/min)　最优含水率 w_{op}________(%)　贯入面积 A________(cm²)　浸水条件________　荷载板质量 m________(kg)

试样编号：					试样编号：					试样编号：				
贯入量(0.01mm)			测力计读数(0.01 mm)	单位压力(kPa)	贯入量(0.01 mm)			测力计读数(0.01 mm)	单位压力(kPa)	贯入量(0.01 mm)			测力计读数(0.01 mm)	单位压力(kPa)
量表Ⅰ	量表Ⅱ	平均值			量表Ⅰ	量表Ⅱ	平均值			量表Ⅰ	量表Ⅱ	平均值		
(1)	(2)	(3)	(4)	$(5)=\frac{(4)\times C}{A}\times 10$	(1)	(2)	(3)	(4)	$(5)=\frac{(4)\times C}{A}\times 10$	(1)	(2)	(3)	(4)	$(5)=\frac{(4)\times C}{A}\times 10$
$CBR_{2.5}=$　(%)					$CBR_{2.5}=$　(%)					$CBR_{2.5}=$　(%)				
$CBR_{5.0}=$　(%)					$CBR_{5.0}=$　(%)					$CBR_{5.0}=$　(%)				
$CBR=$　(%)					$CBR=$　(%)					$CBR=$　(%)				
平均 $CBR=$　(%)														

附表 19　常水头渗透实验记录

<table>
<tr><td colspan="2">试样编号</td><td colspan="3"></td><td colspan="3">试样质量(g)</td><td></td><td>实验者</td><td></td><td>计算者</td><td colspan="3"></td></tr>
<tr><td colspan="2">孔隙比 e</td><td colspan="3"></td><td colspan="3">试样面积 $A(cm^2)$</td><td></td><td>校核者</td><td></td><td>实验日期</td><td colspan="3"></td></tr>
<tr><td colspan="5">测压孔间距 L(cm)</td><td colspan="4"></td><td colspan="2">试样高度(cm)</td><td colspan="4"></td></tr>
<tr><td rowspan="3">实验次数</td><td rowspan="2">经过时间 t(s)</td><td colspan="3">测压管水位(cm)</td><td colspan="3">水位差(cm)</td><td rowspan="2">水力坡降 J</td><td rowspan="2">渗透水量 Q (cm^3)</td><td rowspan="2">渗透系数 k_T (cm/s)</td><td rowspan="2">平均水温 T (℃)</td><td rowspan="2">校正系数 η_T/η_{20}</td><td rowspan="2">水温 20 ℃时的渗透系数 k_{20}(cm/s)</td><td rowspan="2">平均渗透系数 $\bar{k}_{20}$(cm/s)</td></tr>
<tr><td>Ⅰ管</td><td>Ⅱ管</td><td>Ⅲ管</td><td>H_1</td><td>H_2</td><td>平均水位差 H</td></tr>
<tr><td>(1)</td><td>(2)</td><td>(3)</td><td>(4)</td><td>(5)=(2)−(3)</td><td>(6)=(3)−(4)</td><td>$(7)=\frac{(5)+(6)}{2}$</td><td>$(8)=\frac{(7)}{L}$</td><td>(9)</td><td>$(10)=\frac{(9)}{A\times(8)\times(1)}$</td><td>(11)</td><td>(12)</td><td>(13)=(10)×(12)</td><td>(14)</td></tr>
<tr><td></td><td></td><td></td><td></td><td></td><td></td><td></td><td></td><td></td><td></td><td></td><td></td><td></td><td></td><td rowspan="6"></td></tr>
<tr><td></td><td></td><td></td><td></td><td></td><td></td><td></td><td></td><td></td><td></td><td></td><td></td><td></td><td></td></tr>
<tr><td></td><td></td><td></td><td></td><td></td><td></td><td></td><td></td><td></td><td></td><td></td><td></td><td></td><td></td></tr>
<tr><td></td><td></td><td></td><td></td><td></td><td></td><td></td><td></td><td></td><td></td><td></td><td></td><td></td><td></td></tr>
<tr><td></td><td></td><td></td><td></td><td></td><td></td><td></td><td></td><td></td><td></td><td></td><td></td><td></td><td></td></tr>
<tr><td></td><td></td><td></td><td></td><td></td><td></td><td></td><td></td><td></td><td></td><td></td><td></td><td></td><td></td></tr>
</table>

附表 20 变水头渗透实验记录

试样编号			试样面积 $A(cm^2)$			孔隙比 e			实验者		
测压管断面面积 $a(cm^2)$			试样高度 $L(cm)$			实验日期			计算者		
仪器编号			试样说明						校核者		
开始时间 t_1 (d h min)	终了时间 t_2 (d h min)	经过时间 $t(s)$	开始水头 $H_{b1}(cm)$	终止水头 $H_{b2}(cm)$	$\frac{2.3aL}{At}$	$\lg\frac{H_{b1}}{H_{b2}}$	水温 T ℃时的渗透系数 k_T (cm/s)	水温 T (℃)	校正系数 η_T/η_{20}	渗透系数 k_{20} (cm/s)	平均渗透系数 $\overline{k}_{20}(cm/s)$
(1)	(2)	(3)=(2)−(1)	(4)	(5)	$(6)=2.3\frac{a}{A}\frac{L}{(3)}$	$(7)=\lg\frac{(4)}{(5)}$	(8)=(6)×(7)	(9)	(10)	(11)=(8)×10)	(12)

附表 21　标准固结实验记录(一)

实验者				计算者				
校核者				实验日期				
经过时间	试样在不同上覆压力下的变形							
	(　)(kPa)		(　)(kPa)		(　)(kPa)		(　)(kPa)	
	时间	量表读数(0.01 mm)	时间	量表读数(0.01 mm)	时间	量表读数(0.01 mm)	时间	量表读数(0.01 mm)
0								
6 s								
15 s								
1 min								
2 min 15 s								
4 min								
6 min 15 s								
9 min								
12 min 15 s								
16 min								
20 min 15 s								
25 min								
30 min 15 s								
36 min								
42 min 15 s								
49 min								
64 min								
100 min								
200 min								
400 min								
23 h								
24 h								
总变形量(mm)								
仪器总变形量(mm)								
试样总变形量(mm)								

附表 22　标准固结实验记录(二)

实验者						计算者		
校核者						实验日期		
仪器名称及编号								
试样原始高度 $h_0=20.0$ mm 实验前的孔隙比 $e_0=$					固结系数： $C_v=\frac{0.848\bar{h}^2}{t_{90}}$ 或 $C_v=\frac{0.197\bar{h}^2}{t_{50}}$			
加压历时 (h)	压力 p(kPa)	试样总变形量 $\sum \Delta h_i$ (mm)	压缩后的试样高度 h(mm)	孔隙比 e_i	压缩系数 a_v(MPa^{-1})	压缩模量 E_s(MPa)	排水距离 $\bar{h}$(cm)	固结系数 C_v (cm^2/s)
(1)	(2)	(3)	$(4)=h_0-(3)$	$(5)=e_0-\frac{(3)\times(1+e_0)}{h_0}$	$(6)=\frac{e_i-e_{i+1}}{p_{i+1}-p_i}\times 1000$	$(7)=\frac{1+e_0}{(6)}$	$(8)=\frac{h_i+h_{i+1}}{4}$	(9)
0								
24								
24								
24								
24								
24								
24								
24								
24								
24								
24								

附表 23　快速固结实验记录

实验者		计算者	
校核者		实验日期	
仪器名称及编号			

试样初始高度：$h_0=$ ________ mm　　　　$K=(h_n)_{tw}/(h_n)_t$

加压历时 (h)	压力 p(kPa)	校正前试样总变形量 $(h_i)_t$(mm)	校正后试样总变形量 $\sum\Delta h_i$ (mm)	压缩后的试样高度 h(mm)	孔隙比 e_i	压缩系数 $a_v(\text{MPa}^{-1})$	压缩模量 E_s(MPa)
(1)	(2)	(3)	$(4)=K\times(3)$	$(5)=h_0-(4)$	$(6)=e_0-\frac{(4)\times(1+e_0)}{h_0}$	$(7)=\frac{e_i-e_{i+1}}{p_{i+1}-p_i}\times 1000$	$(8)=\frac{1+e_0}{(7)}$
稳定							

附表 24　无侧限抗压强度实验记录

试样编号			实验者	
试样说明			计算者	
校核者			实验日期	
实验前试样高度 h_0=	cm		试样破坏情况：	
实验前试样直径 D_0=	cm			
实验前试样面积 A_0=	cm^2			
试样质量 m=	g			
试样湿密度 ρ=	g/cm^3			
轴向变形 Δh=	0.01 mm			
测力计率定系数 C=	N/(0.01 mm)			
原状试样无侧限抗压强度 q_u=	kPa			
重塑试样无侧限抗压强度 q_u=	kPa			
灵敏度 S_t=				
测力计量表读数 R(0.01 mm)	轴向变形 Δh(0.01 mm)	轴向应变 ε_1(%)	校正后面积 A_a(cm^2)	轴向应力 σ(kPa)
(1)	(2)	$(3)=\frac{(2)}{1000h_0}$	$(4)=\frac{A_0}{1-0.01\times(3)}$	$(5)=\frac{(1)\cdot C}{(4)}\times10$

附表 25　直接剪切实验记录(一)

实验者		实验日期	
计算者		校核者	
试样说明		仪器名称及编号	

试样编号		1			2			3			4		
		起始	饱和后	剪切后	起始	饱和后	剪切后	起始	饱和后	剪切后	起始	饱和后	剪切后
湿密度 ρ(g/cm^3)	(1)												
含水率 w(%)	(2)												
干密度 ρ_d(g/cm^3)	$(3)=\frac{(1)}{1+0.01\times(2)}$												
孔隙比 e	$(4)=\frac{G_s}{(3)}-1$												
饱和度 S_r(%)	$(5)=\frac{G_s\times(2)}{(4)}$												

附表 26　直接剪切实验记录(二)

<table>
<tr><td>实验者</td><td></td><td>实验日期</td><td></td></tr>
<tr><td rowspan="2">实验方法</td><td rowspan="2"></td><td>计算者</td><td></td></tr>
<tr><td>校核者</td><td></td></tr>
<tr><td>试样编号</td><td></td><td>垂直压力 p(kPa)</td><td></td></tr>
<tr><td>测力计率定系数
[N/(0.01 mm)]</td><td></td><td>试样初始面积
A_0(cm^2)</td><td></td></tr>
</table>

抗剪强度：$S=$________(kPa)

手轮转数(转)	测力计读数 R(0.01 mm)	剪切位移 ΔL(0.01 mm)	剪应力 τ(kPa)	垂直位移 (0.01 mm)
(1)	(2)	(3)=(1)×20−(2)	$(4)=\frac{(2)\times C}{A_0}\times 10$	(5)
1				
2				
3				
4				
5				
6				
7				
8				
9				
10				
11				
12				
13				
14				
15				
16				
17				
18				
19				
20				
21				
22				
23				
24				
25				
26				
27				
28				
29				
30				
31				
32				

附表 27　三轴压缩实验记录（不固结不排水剪）

试样编号		实验者	
实验方法		计算者	
实验日期		校核者	
试样状态		周围压力(kPa)	
试样高度 h_0(cm)		剪切速率(mm/min)	
试样面积 A(cm^2)		测力环率定系数[N/(0.01mm)]	
试样体积 V(cm^3)		试样破坏描述：	
试样质量 m(g)			
湿密度 ρ(g/cm^3)			
干密度 ρ_d(g/cm^3)			
含水率 w(%)			

轴向变形 (0.01 mm)	轴向应变 (%)	校正面积 (cm^2)	测力环读数 (0.01 mm)	主应力差 (kPa)

附表 28 三轴压缩实验记录表(固结不排水剪)

试样编号		实验者	
实验方法		计算者	
实验日期		校核者	

试样状态			
项目	起始值	固结后	剪切后
直径 D(cm)			
高度 h_0(cm)			
面积 A(cm^2)			
体积 V(cm^3)			
质量 m(g)			
湿密度 ρ(g/cm^3)			
干密度 ρ_d(g/cm^3)			
试样含水率			
起始值		剪切后	
盒号			
盒质量(g)			
盒加湿土质量(g)			
湿土质量 m(g)			
盒加干土质量(g)			
干土质量 m_a(g)			
水质量(g)			
含水率 w(%)			
饱和度 S_r(%)			

周围压力 σ_3(kPa)	
反压力 u_0(kPa)	
周围压力下的初始孔隙水压力 u(kPa)	
孔隙压力系数 $B=u_0/\sigma_3$	
破坏应变 ε_f(%)	
破坏主应力差 $(\sigma_1-\sigma_3)_f$(kPa)	
破坏主应力 σ_{1f}(kPa)	
初始孔隙压力系数 $\overline{B}_f=\frac{u_f}{\sigma_{3f}}$	
相应的有效大主应力 σ_1'(kPa)	
相应的有效小主应力 σ_3'(kPa)	
最大有效主应力比 $(\sigma_1'/\sigma_3')\max$	
破坏时的孔隙压力系数 $A_f=\frac{u_{df}}{B(\sigma_1-\sigma_3)_f}$	

附表 29　三轴压缩实验记录(一)

试样编号		实验者	
实验方法		计算者	
实验日期		校核者	

加反压力过程							说明（检验结果）	固结过程							说明
时间（min）	周围压力 σ_s(kPa)	初始孔隙水压力 u_0(kPa)	孔隙水压力 u(kPa)	孔隙水压力增量 Δu（kPa）	试样体积变化			时间（min）	量管		孔隙水压力 u		体变管		
					读数	体变量（cm^3）			读数	排水量（cm^3）	读数	压力值（kPa）	读数	体变值（cm^3）	

附表 30　三轴压缩实验记录(二)

试样编号		实验者	
实验方法		计算者	
实验日期		校核者	
仪器名称及编号			

周围压力 σ_3 = ________ kPa　　　　固结下沉量 Δh = ________ cm

剪切应变速率 = ________ mm/min　　　　固结后高度 h_c = ________ cm

测力计率定系数 C = ________ N/(0.01 mm)　　　　固结后面积 A_c = ________ cm^2

轴向变形读数 Δh_i (0.01 mm)	轴向应变 ε_1 (%)	试样校正后面积 A_a (cm^2)	测力计表读数 R (0.01 mm)	主应力差 $(\sigma_1-\sigma_3)$ (kPa)	大主应力 σ_1(kPa)	孔隙压力 u		试样体积变化				有效大主应力 σ_1' (kPa)	有效小主应力 σ_3' (kPa)	有效主应力比 $\frac{\sigma_1'}{\sigma_3'}$	$\frac{\sigma_1-\sigma_3}{2}$ (kPa)	$\frac{\sigma_1+\sigma_3}{2}$ (kPa)	$\frac{\sigma_1+\sigma_3}{3}$ (kPa)
								排水管		体积变化							
						读数	压力值 (kPa)	读数	排出水量 (cm^3)	读数	体变量 (cm^3)						

附表 31　排水反复直接剪切实验记录

试验者		试验日期	
试样编号		计算者	
测力计率定系数 C[N/(0.01 mm)]		校核者	
剪切速率(mm/min)		剪切次数	
垂直压力 p(kPa)		抗剪强度 S(kPa)	
剪切位移 ΔL (0.01 mm)	垂直位移计读数 (0.01 mm)	测力计读数 R (0.01 mm)	残余剪应力 τ_r (kPa)
(1)	(2)	(3)	$(4)=\frac{(3)\times C}{A_0}\times 10$
30			
60			
100			
130			
160			
200			
230			
260			
300			
350			
400			
⋮			
800			

附表 32 冻土融化压缩实验记录

实验者			计算者	
实验日期			校核者	
试样编号			仪器名称及编号	
融沉下沉量 $\Delta h_{f0}=$______ cm			融沉后试样孔隙比 $e=$______	
加压时间 t(h min)	压力 p(kPa)	试样总变形量 (mm)	孔隙比 e_i	融化压缩系数 a_{fv}(MPa^{-1})
(1)	(2)	(3)	$(4)=e-\frac{(3)}{h}(1+e)$	(5)

附表 33 土工织物单位面积质量实验记录

试样编号	1	2	3	4	5	6	7	8	9	10	平均值	标准差	变异系数
质量(g)											—	—	—
长度(mm)											—	—	—
宽度(mm)											—	—	—
面积(cm^2)											—	—	—
单位面积质量(g/m^2)													

附表 34 条带拉伸实验记录

试样编号	纵向				横向			
	拉力 (kN)	强度 (kN/m)	伸长量 ΔL(mm)	伸长率 (%)	拉力 (kN)	强度 (kN/m)	伸长量 ΔL(mm)	伸长率 (%)
1								
2								
3								
4								
5								
平均值	—		—		—		—	
标准差	—		—		—		—	
变异系数	—		—		—		—	
备注	试样计量长度 $L_0=$				试样宽度 $B=$			

附表 35　垂直渗透实验记录

试样过水面积 $A(\mathrm{cm}^2)$				水温(℃)			水温修正系数 η		
试样编号	厚度(cm)	时间 t(s)	水位(cm)		渗透水量 V (cm^3)	垂直渗透系数 k_{20}(cm/s)	垂直渗透系数平均值 $\overline{k}_{20}$(cm/s)	透水率 φ_{20}(s^{-1})	透水率平均值 $\overline{\varphi}_{20}$(s^{-1})
			上游	下游					
1									
2									
3									
4									
5									
备注						平均值		平均值	
						标准差		标准差	
						变异系数		变异系数	

附表 36　水平渗透实验记录

<table>
<tr><td colspan="4">水温(℃)</td><td colspan="3"></td><td colspan="3">水温修正系数 η</td><td colspan="2"></td></tr>
<tr><td rowspan="2">侧压力(kPa)</td><td rowspan="2">试样长度 L(cm)</td><td rowspan="2">试样宽度 B(cm)</td><td rowspan="2">试样厚度 δ(cm)</td><td colspan="2">水位(cm)</td><td rowspan="2">历时 t(s)</td><td rowspan="2">透水量 V(cm^3)</td><td colspan="2">水平渗透系数 k_{h20}(cm/s)</td><td colspan="2">导水率 θ_{20}(cm^2/s)</td></tr>
<tr><td>上游</td><td>下游</td><td>单值</td><td>均值</td><td>单值</td><td>均值</td></tr>
<tr><td rowspan="2"></td><td></td><td></td><td></td><td></td><td></td><td></td><td></td><td></td><td rowspan="2"></td><td></td><td rowspan="2"></td></tr>
<tr><td></td><td></td><td></td><td></td><td></td><td></td><td></td><td></td><td></td></tr>
<tr><td rowspan="2"></td><td></td><td></td><td></td><td></td><td></td><td></td><td></td><td></td><td rowspan="2"></td><td></td><td rowspan="2"></td></tr>
<tr><td></td><td></td><td></td><td></td><td></td><td></td><td></td><td></td><td></td></tr>
<tr><td rowspan="2"></td><td></td><td></td><td></td><td></td><td></td><td></td><td></td><td></td><td rowspan="2"></td><td></td><td rowspan="2"></td></tr>
<tr><td></td><td></td><td></td><td></td><td></td><td></td><td></td><td></td><td></td></tr>
<tr><td>备注</td><td colspan="11"></td></tr>
</table>

附表 37　土工膜耐静水压力实验记录

<table>
<tr><td>试样编号</td><td colspan="2">最大压力(kPa)</td><td colspan="2">试样编号</td><td colspan="2">最大压力(kPa)</td></tr>
<tr><td></td><td colspan="2"></td><td colspan="2"></td><td colspan="2"></td></tr>
<tr><td></td><td colspan="2"></td><td colspan="2"></td><td colspan="2"></td></tr>
<tr><td></td><td colspan="2"></td><td colspan="2"></td><td colspan="2"></td></tr>
<tr><td></td><td colspan="2"></td><td colspan="2"></td><td colspan="2"></td></tr>
<tr><td></td><td colspan="2"></td><td colspan="2"></td><td colspan="2"></td></tr>
<tr><td>平均值</td><td></td><td>标准差</td><td colspan="2"></td><td>变异系数</td><td></td></tr>
</table>

附表 38　土工膜渗透实验记录

试样过水面积 $A(cm^2)$				水温(℃)			水温修正系数 η	
试样编号	厚度 δ (cm)	时间 t (s)	水位(cm)			渗透水量 $V(cm^3)$	渗透系数 k_{m20}(cm/s)	渗透系数平均值 (cm/s)
			上游	下游	水位差 Δh			
1								
2								
3								
4								
5								
备注								

附表 39　土工格栅拉伸实验记录

方向					每米宽度肋数 N			
试样肋数 n					试样计量长度 L_0			
试样编号	拉力 F (kN)	拉伸强度 T_1(kN/m)	伸长量 ΔL(mm)	伸长率 (%)	2%伸长率时的拉力 (kN)	2%伸长率时的强度 (kN/m)	5%伸长率时的拉力 (kN)	5%伸长率时的强度 (kN/m)
平均值	—		—		—		—	
标准差	—		—		—		—	
变异系数	—		—		—		—	

参考文献

[1] 中华人民共和国住房和城乡建设部.土工试验方法标准:GB/T 50123—2019[S].北京:中国计划出版社,2019.

[2] 中华人民共和国交通运输部.公路土工试验规程:JTG 3430—2020[S].北京:人民交通出版社,2020.

[3] 国家铁路局.铁路工程土工试验规程:TB 10102—2023[S].北京:中国铁道出版社有限公司,2023.

[4] 中华人民共和国住房和城乡建设部.建筑地基基础术语标准:GB/T 50941—2014[S].北京:中国建筑工业出版社,2014.

[5] 中华人民共和国住房和城乡建设部.建筑工程地质勘探与取样技术规程:JGJ/T 87—2012[S].北京:中国建筑工业出版社,2012.

[6] 中国国家标准化管理委员会.数值修约规则与极限数值的表示和判定:GB/T 8170—2008 [S].北京:中国标准出版社,2017.

[7] 周玲.土工试验[M].西安:西安交通大学出版社,2022.

[8] 丁红慧.土力学试验基础教程[M].南京:东南大学出版社,2021.

[9] 刘松玉.土力学[M].5 版.北京:中国建筑工业出版社,2020.

[10] 李广信,张丙印,于玉贞.土力学[M].3 版.北京:清华大学出版社,2022.

[11] 李旭.土力学实验教程[M].北京:清华大学出版社,2023.

[12] 丁九龙.土力学实验教程[M].北京:中国水利水电出版社,2019.

[13] 邓初首,陈晓森,何智海.土木工程材料实验[M].北京:清华大学出版社,2021.

相关实验视频的网址